大兴土壤管理与作物施肥图册

●主编　哈雪姣　冯文清　贾小红

中国农业科学技术出版社

图书在版编目（CIP）数据

大兴土壤管理与作物施肥图册 / 哈雪姣，冯文清，贾小红主编 . — 北京：中国农业科学技术出版社，2018.6

ISBN 978-7-5116-3690-4

Ⅰ. ①大… Ⅱ. ①哈… ②冯… ③贾… Ⅲ. ①土壤管理－大兴区－图集②作物－施肥－大兴区－图集 Ⅳ. ① S156-64 ② S147.2-64

中国版本图书馆 CIP 数据核字（2018）第 100834 号

责任编辑　张志花
责任校对　李向荣

出 版 者　中国农业科学技术出版社
　　　　　北京市中关村南大街 12 号　　邮编：100081
电　　话　（010）82106636（编辑室）
　　　　　（010）82109702（发行部）
　　　　　（010）82109709（读者服务部）
传　　真　（010）82106631
网　　址　http：//www.castp.cn
经 销 者　各地新华书店
印 刷 者　北京地大天成印务有限公司
开　　本　185mm × 230mm　1/16
印　　张　7.5
字　　数　145 千字
版　　次　2018 年 6 月第 1 版　2018 年 6 月第 1 次印刷
定　　价　45.00 元

编　委　会

主　编：哈雪姣　冯文清　贾小红

副主编：陈宗光　刘继培　王　睿

编委会成员（以姓氏笔画为序）：

于跃跃　王　睿　王伊琨　王胜涛　文方芳

左骥民　代艳侠　刘　彬　刘自飞　闫　实

孙福森　李　云　李　飒　李　桐　吴爱华

邱梦超　张　扬　张　铁　张彩月　金　强

郄　营　周　婕　赵　跃　袁喜娣　贾小红

郭　宁　郭月萍　黄　楠　黄元仿　崔广禄

梁金凤　韩成刚　颜　芳

目　录

一、地理位置

大兴区位于东经 116° 13′ —116° 43′，北纬 39° 26′ —39° 51′，东临北京市通州区，南临河北省固安县、霸县等，西与北京市房山区隔永定河为邻，北接北京市丰台区、朝阳区，是北京市南郊平原区，全境属永定河冲击平原，地势自西向东南缓倾，素有“京南门户”“绿海甜园”之称，总面积 1 036km^2。大兴区在京津冀的地理位置见图 1。

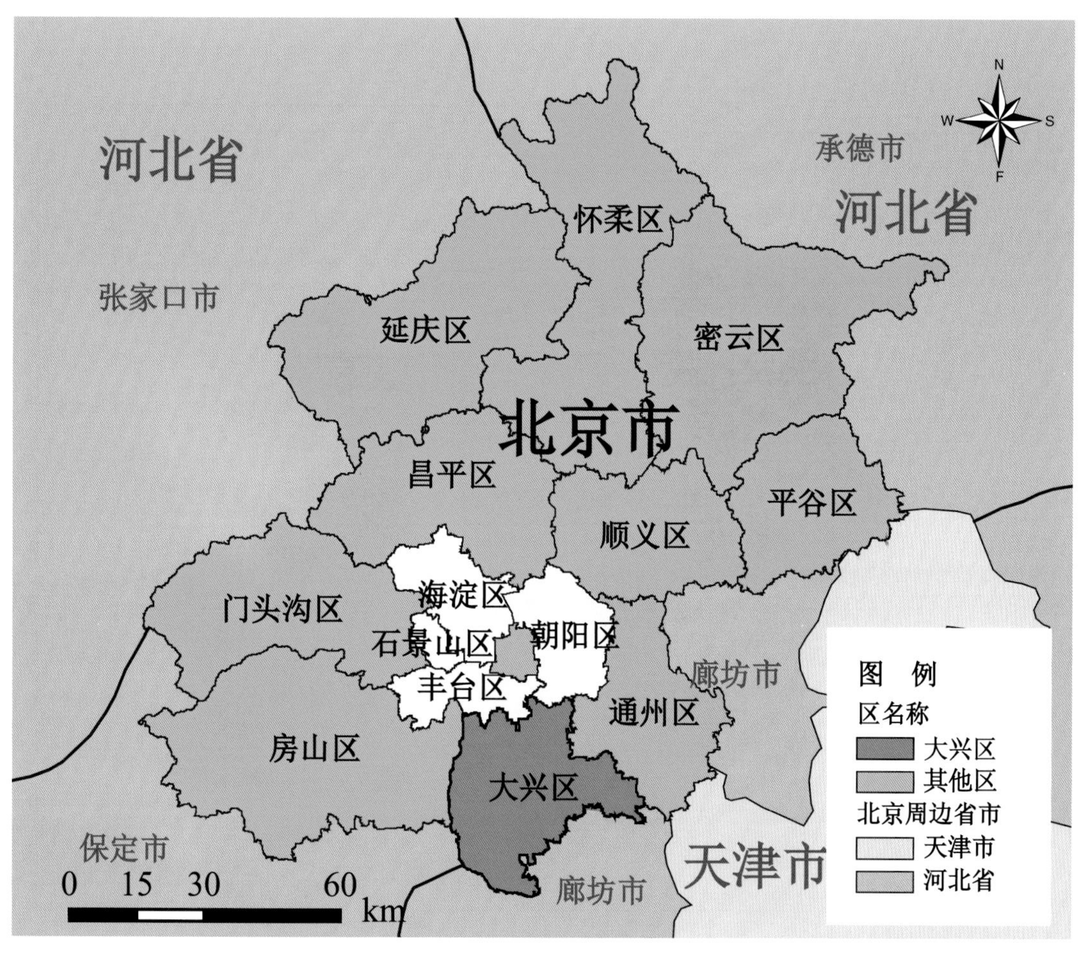

图 1 大兴区地理位置示意图

二、地形地貌

大兴区地处永定河洪冲积平原，地势自西北向东南缓倾，地面高程 14 ～ 45m，坡降 0.5‰～ 1‰。因受永定河决口及河床摆动影响，大兴区全境分为 3 个地貌单元。北部属永定河洪冲积扇下缘，泉线及扇缘洼地；东部凤河沿岸地势较高，为冲积平原带状微高地；西部、西南部为永定河洪冲积形成的条状沙带，东南部沙带尚残存少量风积沙丘，西部沿永定河一线属现代河漫滩，自北向南沉积物质由粗变细，堤外缘洼地多盐碱土。大兴区高程见图 2。

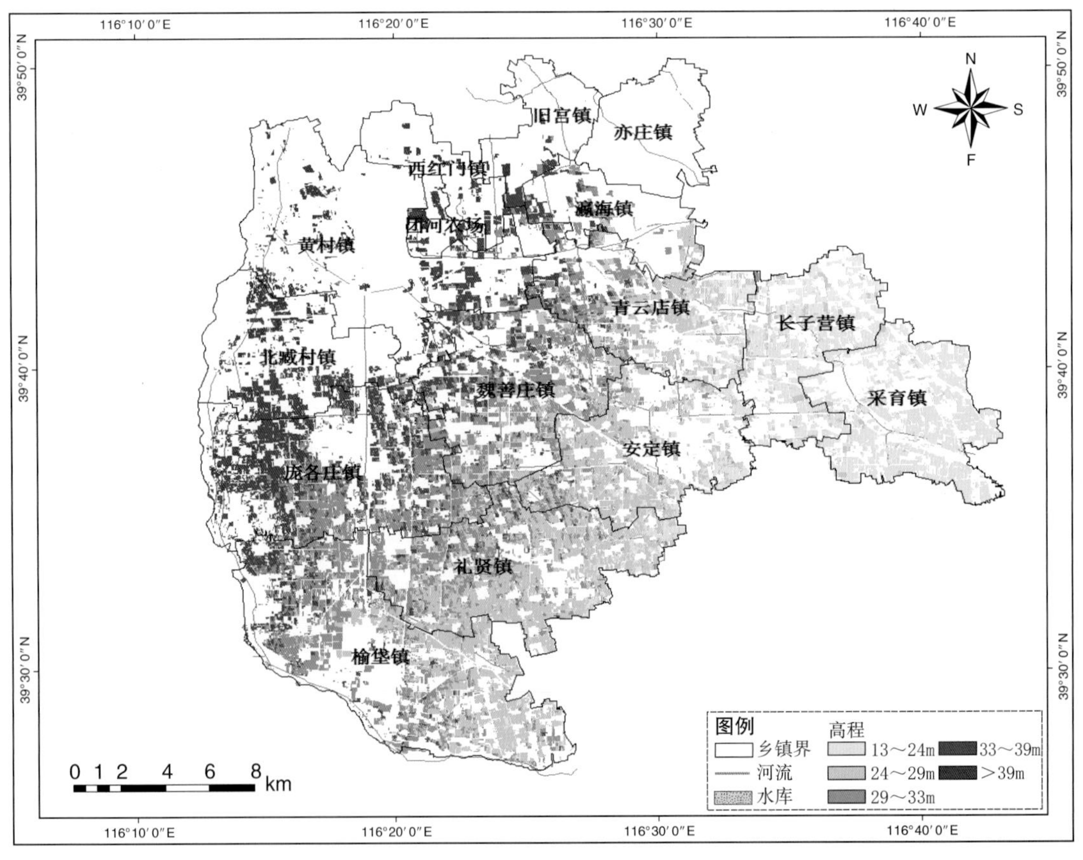

图 2　大兴区高程示意图

三、水资源现状

大兴区境内现有永定河、凤河、新凤河、大龙河、小龙河、天堂河、凉水河等大小14条河流，自西北向东南流经全境，分属北运河水系和永定河水系，河流总长302.3km。全区河流除永定河外，均为排灌两用河道，与永定河灌渠、中堡灌渠、凉凤灌渠等主干渠道及众多的田间沟渠纵横交错，形成排灌系统网络，其中除凉水河、凤河、新凤河作为接纳城镇污水河，永定河作为排洪河外，其余均为季节性河流，目前都干枯无水。境内目前仅有埝坛水库一座。该水库始建于1958年，位于黄村西南部。埝坛水库现蓄水能力为200万m^3，在汛期起一定的滞洪作用，多年平均泄洪量0.025亿m^3，设计洪水流量15m^3/s。水库坝型为均质土坝，设计洪水位高程40.05m，防汛上限水位37.50m，总库容360万m^3。大兴区水系分布见图3。

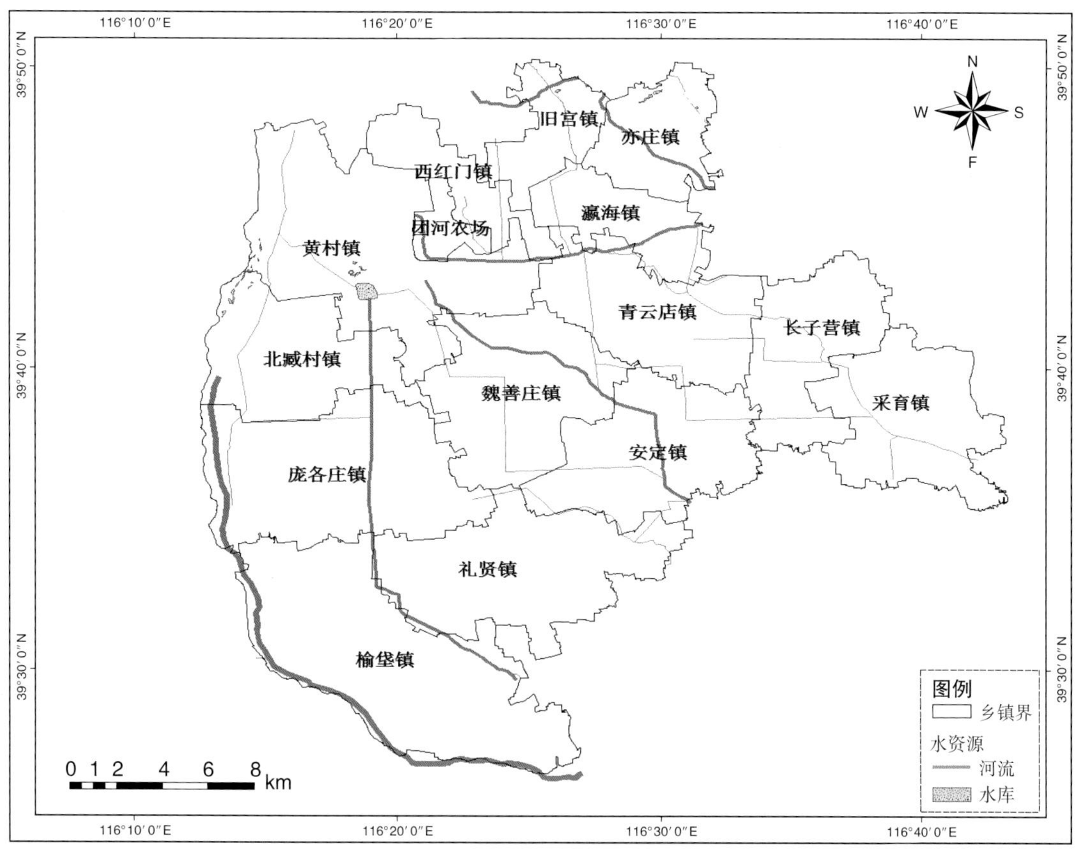

图3　大兴区交通水系示意图

四、主要农用地利用现状

大兴区粮田面积 14 128.4hm^2、菜地面积 9 451.5hm^2、园地面积 18 967.4hm^2。2016 年主要农作物播种面积 30 347.2hm^2，其中粮食作物播种面积 12 155.3hm^2、蔬菜及食用菌播种面积 14 984.5hm^2、瓜类积 2 241.7hm^2、油料 965.7hm^2。大兴区农用地分布见图 4。

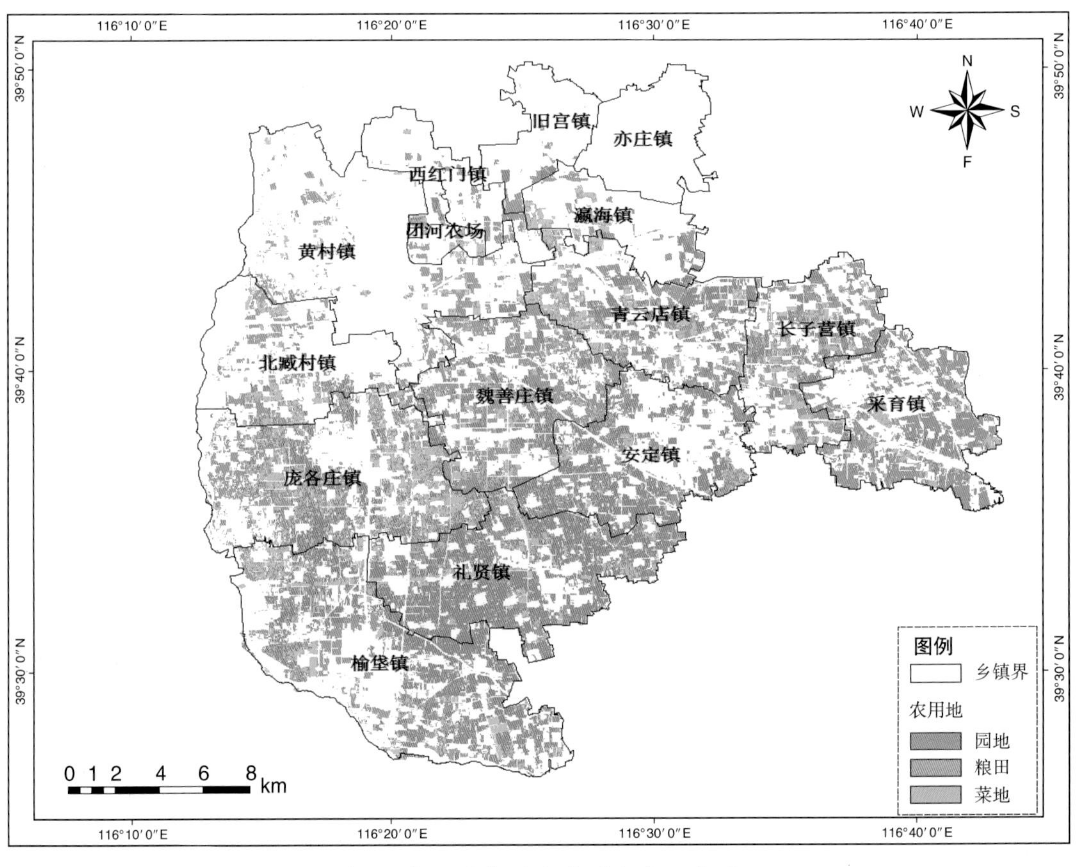

图 4 大兴区农用地类型分布示意图

五、土壤类型

大兴区的土壤类型按土类分为4类，分别为潮土、褐土、沼泽土和风砂土，面积最大的土类是潮土（表1）。各土类具体分布见图5。

表1　大兴区土类面积和占全区的耕地面积

土类	面积 /hm^2	占全区土壤面积 /%
潮土	98 745	95.1
褐土	4 416	4.25
沼泽土	236	0.23
风砂土	432	0.42

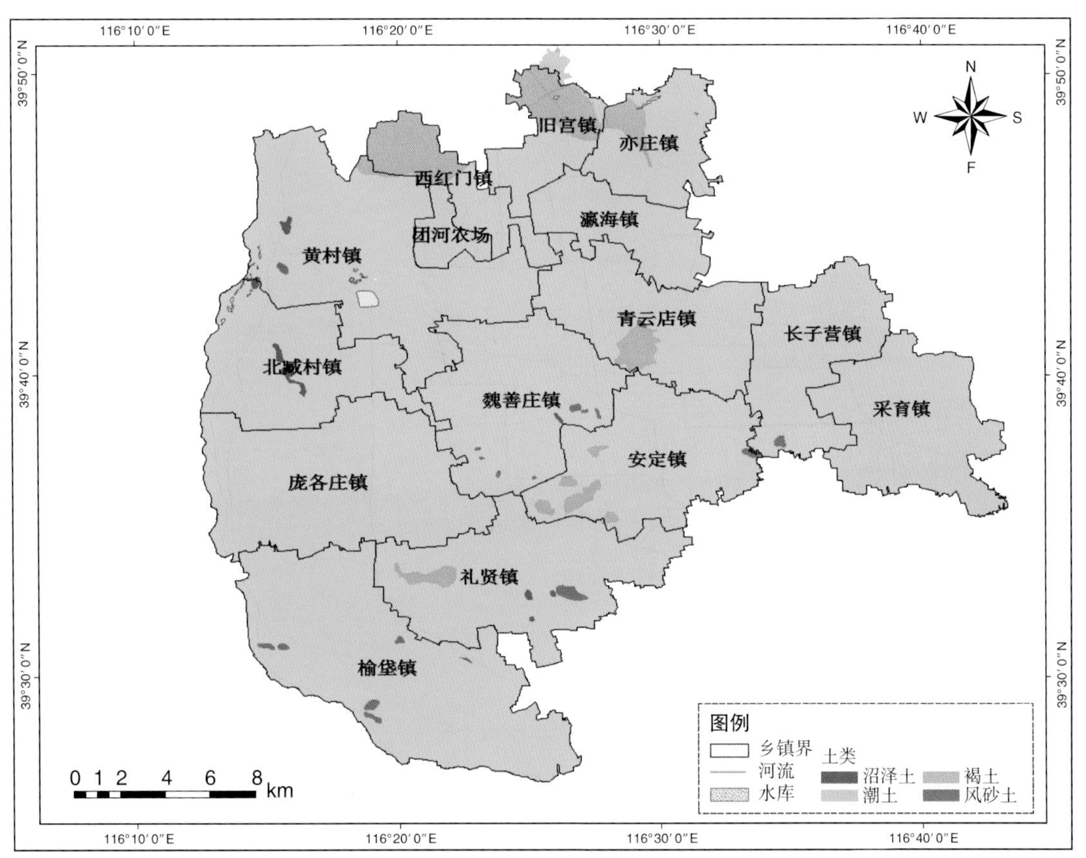

图5　大兴区土壤类型（土类）分布示意图

大兴区土壤亚类主要以普通潮土为主，约占土壤总面积的 79.50%，各镇均有分布；其次为褐潮土，面积约占 11.44%，主要分布于黄村北部、西红门南部、旧宫和亦庄等北部地区。各亚类土壤分布见图 6。

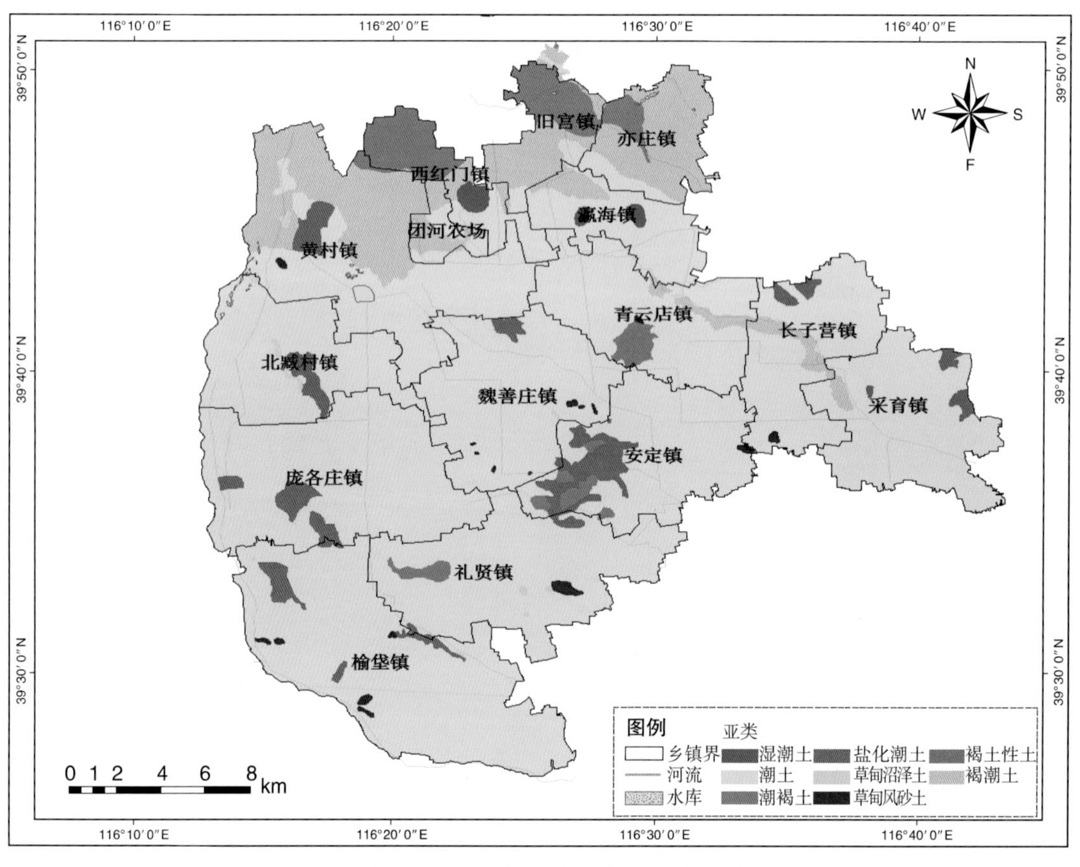

图 6　大兴区土壤类型（亚类）分布示意图

（一）潮土（亚类）

大兴区潮土面积 82 546hm^2，占全区土壤总面积的 79.50%。各镇均有分布（图 7）。潮土主要特征是富含碳酸钙，若其为黏质土则碳酸钙含量偏高，砂质土则碳酸钙含量偏低，土壤养分含量、耕性、田间持水量等含量及物理性质、生产潜力等与土壤质地及剖面构型有关。以壤质潮土肥力性能最好。

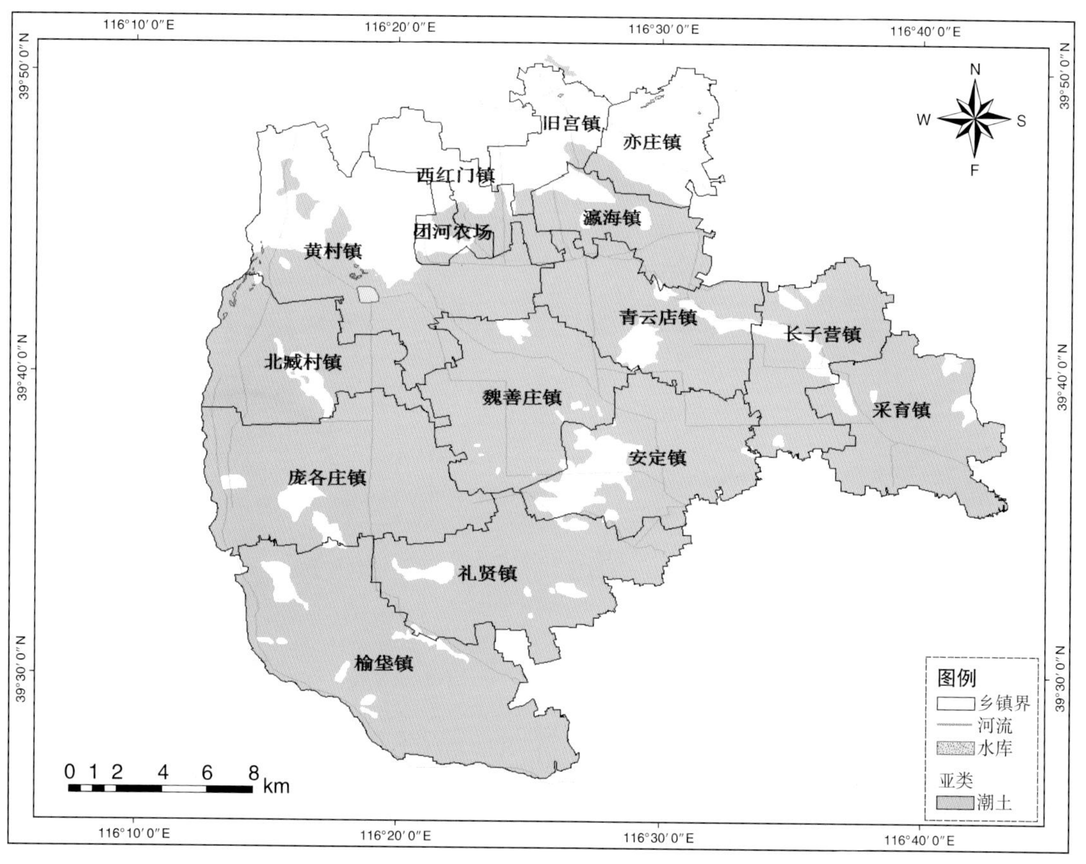

图 7　大兴区土壤类型（亚类）分布示意图（潮土）

（二）褐潮土（亚类）

大兴区褐潮土面积 11 882hm^2，占全区土壤总面积的 11.44%。主要分布在冲积扇末端的微倾斜平地及冲积平原古自然堤的缓岗，黄村北部、西红门南部、旧宫和亦庄等北部地区（图 8）。质地以轻壤、中壤为主，土壤肥力及生产力较高。主要粮食作物为小麦、玉米、豆类、薯类等。

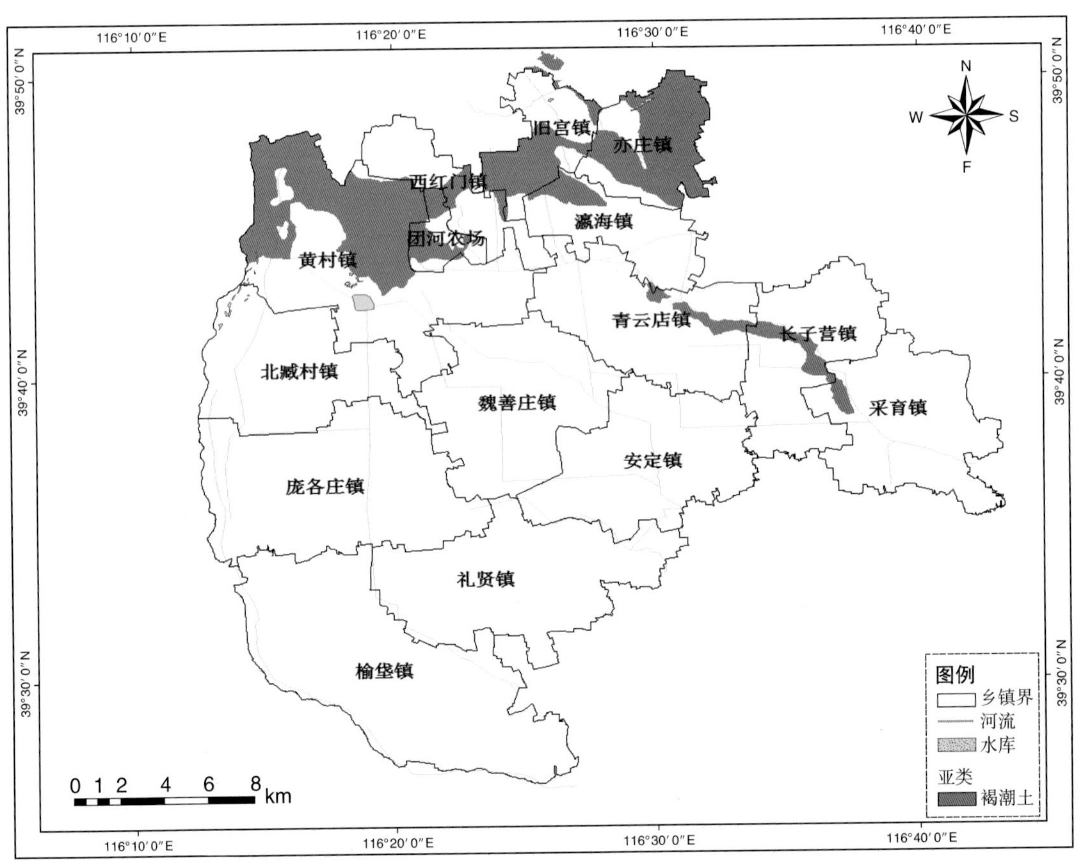

图 8 大兴区土壤类型（亚类）分布示意图（褐潮土）

（三）盐化潮土（亚类）

大兴区盐化潮土（亚类）面积 3 878hm^2，占全区土壤总面积的 3.74%。主要分布在浅平洼地及背河洼地与缓平坡地相交接的“二坡地”上（洼坡地带），西部 4 镇及中部的安定镇有分布，东部长子营北边界，采育东边界有零星分布（图 9）。分布地区气候比较干燥，蒸发量大，地下水埋深小于 2.5m，矿化度较高，在 2 ～ 5g/L，滨海可达 30g/L，母质含有一定可溶性盐。在较高水位和高矿化度地下水强烈蒸发下，土壤发生盐化过程。盐化潮土与其他潮土类型的主要区别在于土壤表层有较多易溶盐的积累。

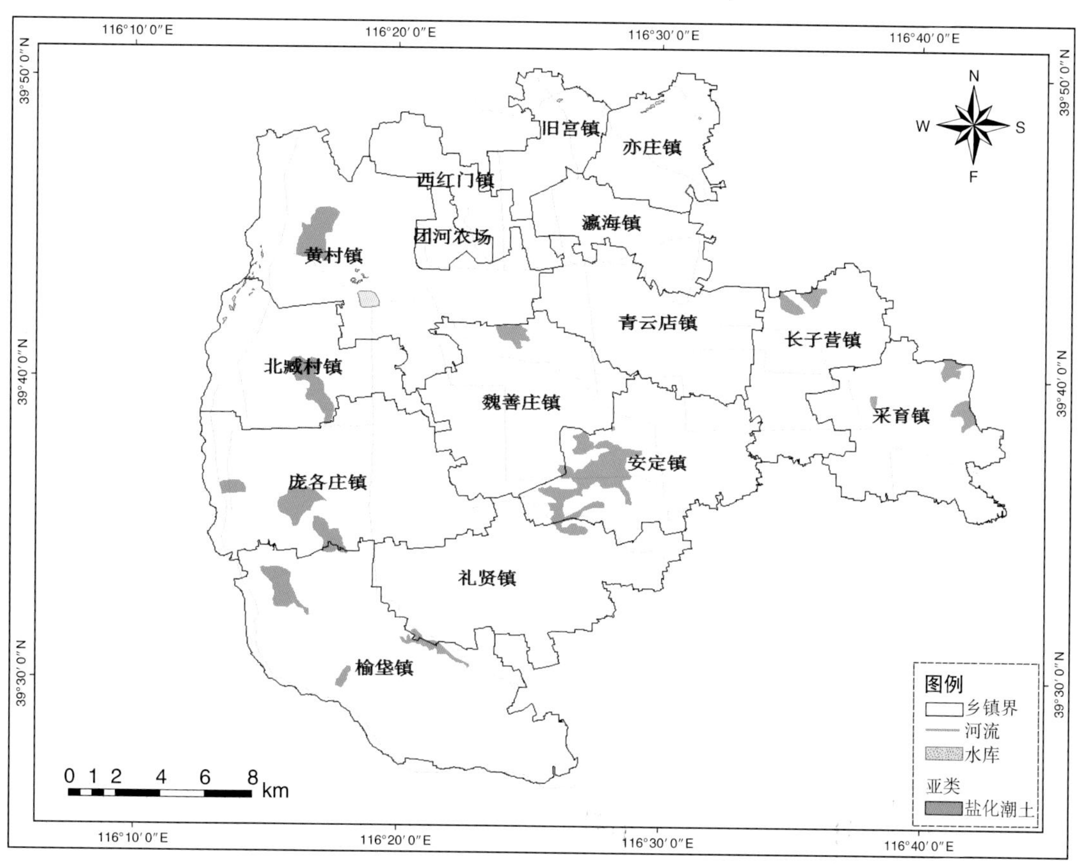

图 9　大兴区土壤类型（亚类）分布示意图（盐化潮土）

（四）褐土性土（亚类）

大兴区褐土性土（亚类）面积 2 716hm²，占全区土壤总面积的 2.62%。主要分布在平原各主要河流出山后所形成的河漫滩（一级阶地）上，在西红门、黄村北部有大量分布，在安定镇、礼贤镇、青云店镇有少许分布（图 10）。

图 10　大兴区土壤类型（亚类）分布示意图（褐土性土）

（五）其他类型（亚类）

除以上 4 种主要土壤类型外，大兴区还有多种其他类型土壤，但所占比例较小。主要包括潮土的亚类、褐土的亚类和风砂土的亚类等，其他亚类土壤具体见图 11。

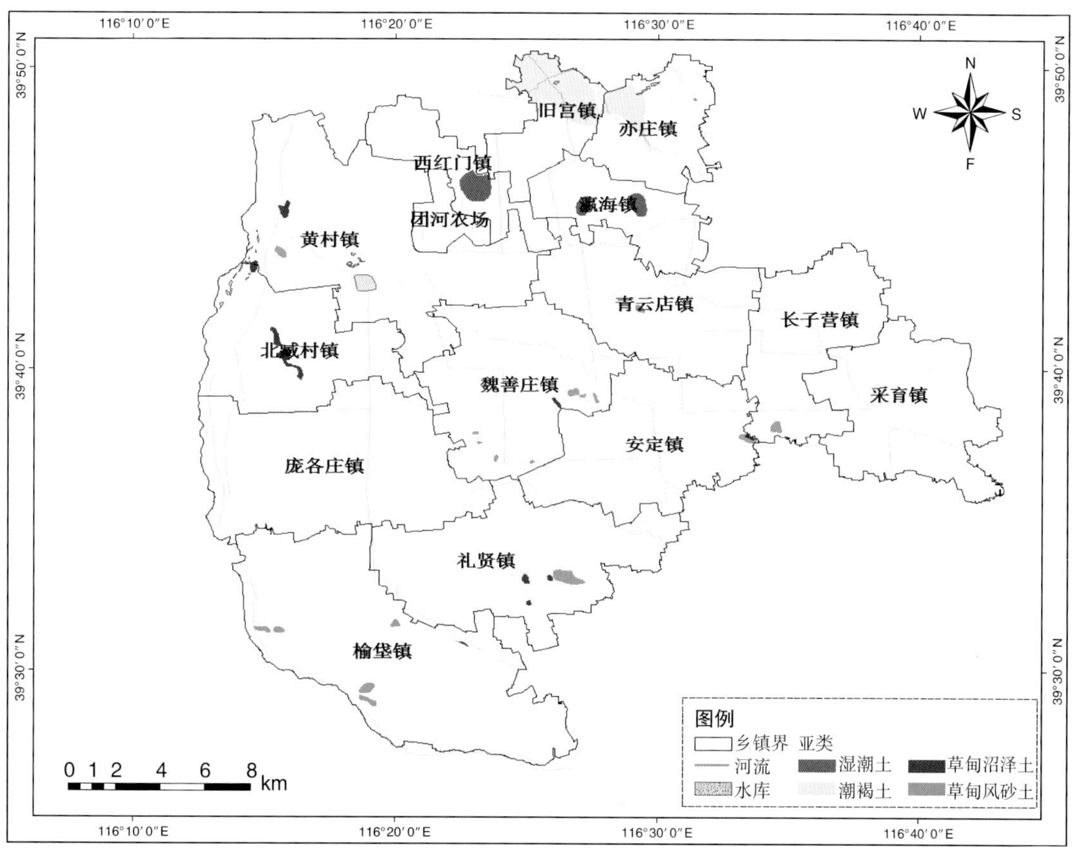

图 11 大兴区土壤类型（亚类）（其他类型）分布示意图

六、土壤质地构型与耕层土壤质地

（一）土壤质地构型

依据土壤调查数据，结合质地构型对耕地地力的影响程度，将大兴区土壤质地构型划分为 5 个等级，每等级中所含类型见表 2，1 级为最好，5 级最差。质地构型处于 1 级耕地占 50.6%，2 级约占 0.2%，3 级占 10.6%，4 级占 37.9%，5 级占 0.5%。各种土壤质地构型分布见图 12。

表 2　大兴区土壤质地构型指标分级

等级	土壤质地构型
1 级	黏身轻壤、黏底轻壤、均质中壤、夹黏中壤、黏身中壤、黏底中壤、均质重壤、夹壤重壤、壤身重壤、壤底重壤、均质轻壤
2 级	夹砂重壤、砂身重壤、砂底重壤、夹砂黏土、夹壤黏土、砂身黏土、壤身黏土、砂底黏土、壤底黏土
3 级	夹砂轻壤、夹黏轻壤、砂身轻壤、砂底轻壤、夹砂中壤、砂身中壤、砂底中壤
4 级	均质砂壤、夹壤砂壤、夹黏砂壤、壤身砂壤、黏身砂壤、壤底砂壤、黏底砂壤、均质黏土
5 级	夹壤砂土、壤身砂土、壤底砂土、夹黏砂土、黏身砂土、黏底砂土、均质砂土、均质砾土

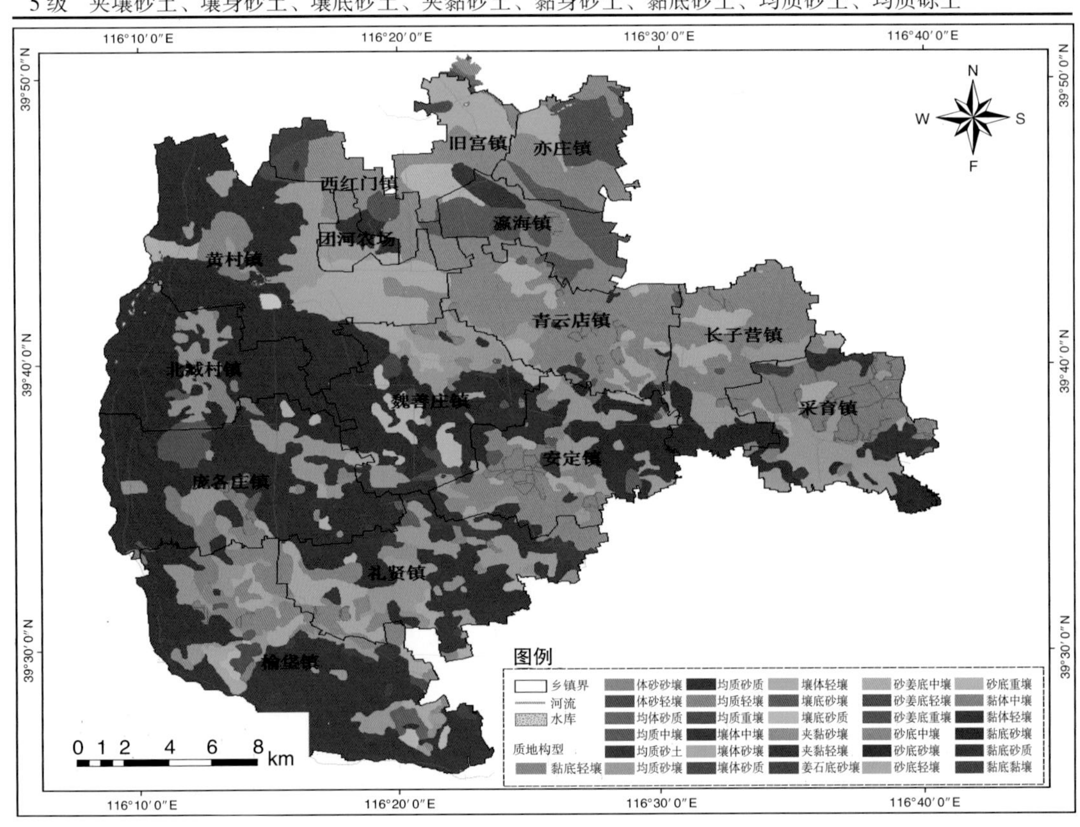

图 12　大兴区土壤质地构型分布示意图

（二）耕层土壤质地

大兴区耕层土壤主要以轻壤质、砂壤质、砂质为主，分别占所有质地类型面积的31.1%、26.5%和33.4%。轻壤质主要分布在大兴区东北部各乡镇，例如，亦庄、旧宫、长子营、采育等镇。砂壤质主要分布在礼贤、团河农场及采育的西南部等。砂质土壤主要分布在北臧村、庞各庄、榆垡等永定河流域的乡镇及魏善庄等。各质地土壤具体分布见图13。

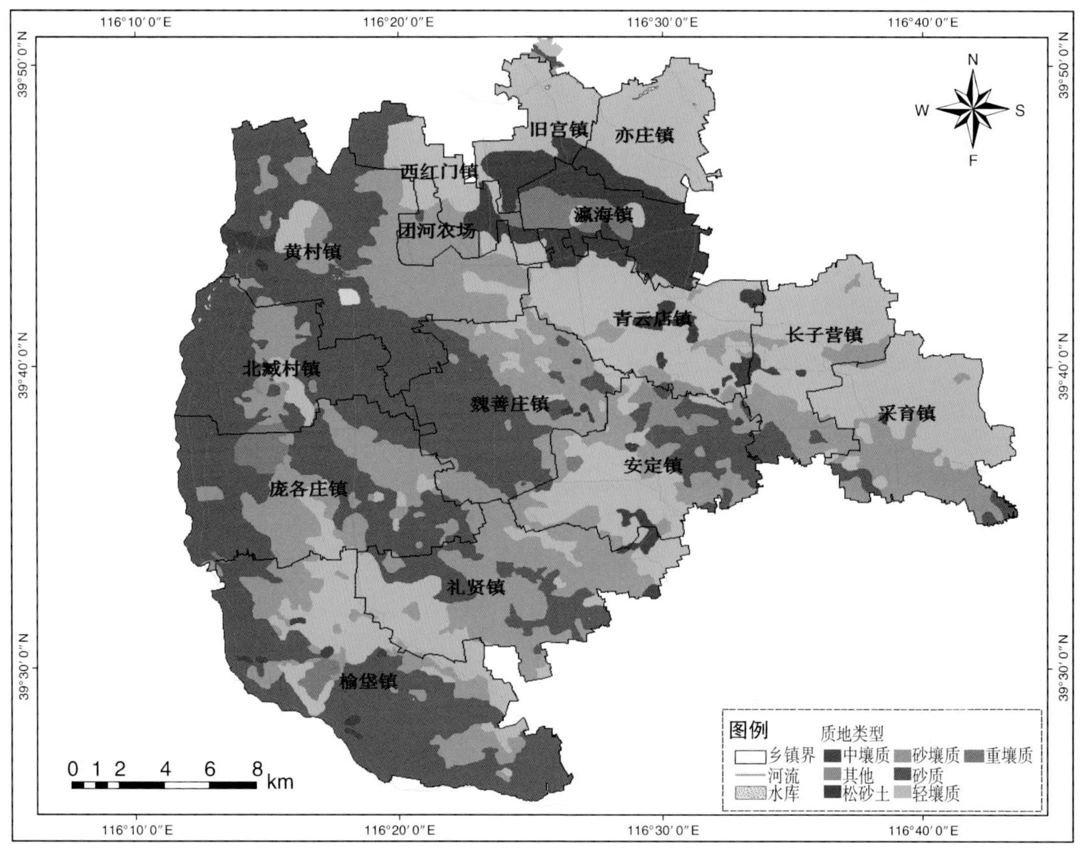

图13 大兴区耕层土壤质地类型分布示意图

（三）轻壤质土壤

轻壤质土壤是农业生产较好的土壤，土壤质地适中、通气性好，供肥能力强，肥力中等，保水保肥性能较好。大兴区的轻壤质土壤占全区耕地总面积的31.1%，分布见图14。在改良利用上应注意培肥土壤，增施有机肥，合理使用化肥，调节氮磷等养分的比例，精耕细作，加强排灌设施，扩大水浇地面积。适宜种植小麦、玉米、蔬菜、果树等，宜种范围广，一般耕作管理措施下仍可获较高产量。

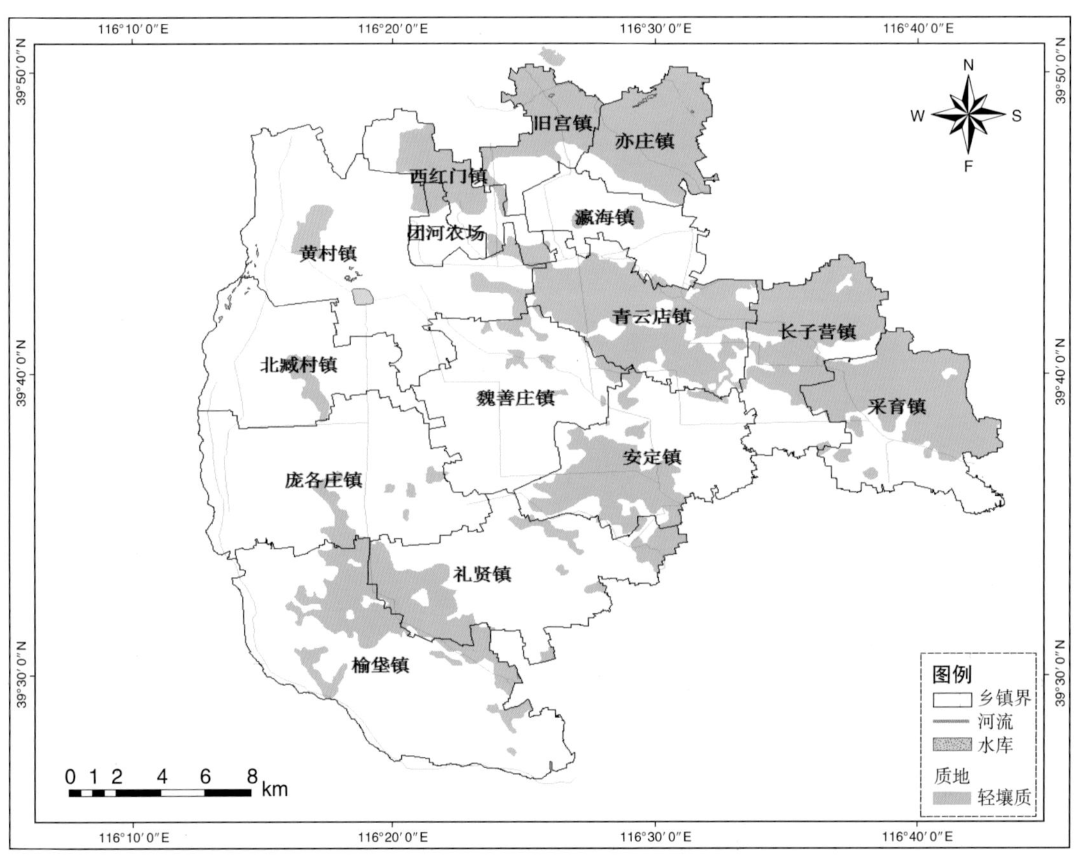

图14 大兴区轻壤质土壤分布示意图

（四）砂壤质土壤

砂壤质土壤对农业生产来说是一般的土壤，土壤质地适中，通透性好，春季升温快，稳温性好，土壤供肥性能、肥力和保水保肥性能一般，施肥后养分供应及时、平稳。干湿易耕，耕后无坷垃，宜耕期长。大兴区砂壤质土壤占全区耕地总面积的26.5%，分布见图15。在改良利用上应注意培肥土壤，增施有机肥，合理使用化肥，调节氮磷等养分的比例，精耕细作，积极采用滴灌、喷灌等节水灌溉方式，推广应用水肥一体技术，提高水肥利用效率，加强排灌设施建设，实现旱涝保收。

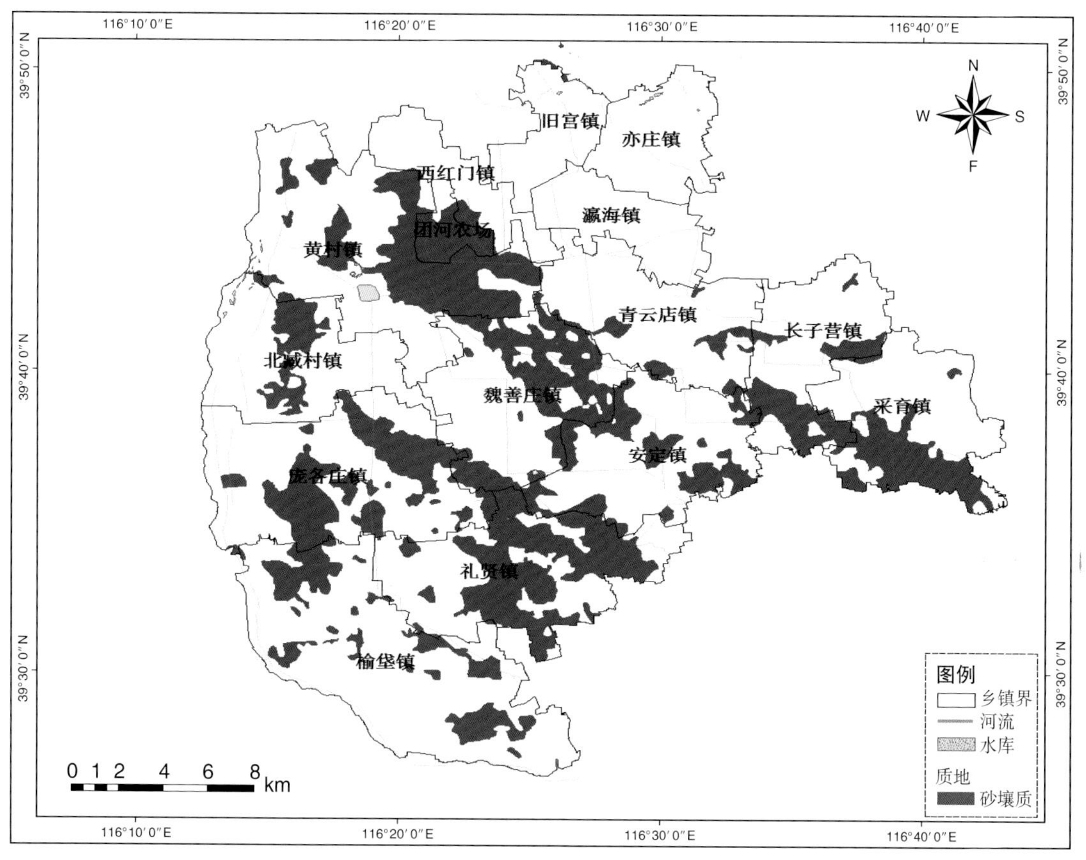

图15 大兴区砂壤质土壤分布示意图

（五）砂质土壤

砂质土的肥力特征是蓄水力弱，保肥力较差，土温变化较快，透水性和通气性良好，并且容易耕作，但抗旱能力较差。砂质土本身所含养料比较贫乏，有机质的保存积累较困难，养分含量少，其土粒吸肥力和土体保肥性都较差，施肥上常表现为肥效猛而不稳，前劲大，后劲不足。大兴区砂质土壤占全区耕地总面积的33.4%，分布见图16。在利用管理上，对砂质土强调多施有机肥料，既能提高土壤有机质含量，又可以改良质地。化肥要少施勤施，保证水源，采用节水灌溉方式，及时灌溉，用秸秆覆盖土面以防止蒸发。可采用客土法进行质地改良，即"泥入砂，砂掺泥"，对于沿河的砂质土壤也可采用"引洪漫淤"的方法进行改良。砂质土上适宜种植生长期短的作物及根茎类作物，并选择耐旱耐贫瘠的品种，如花生、高粱、芝麻、薯类、谷子等，以及实施早熟栽培的作物，如蔬菜等。

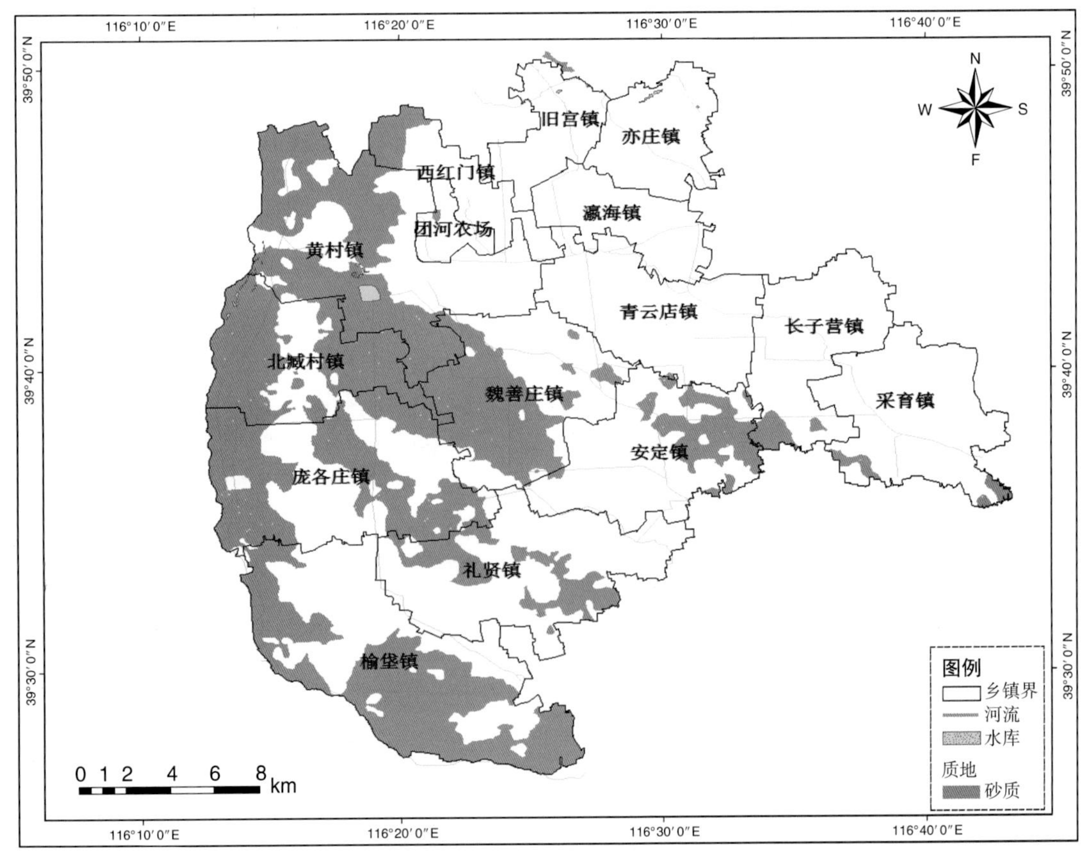

图16　大兴区砂质土壤分布示意图

（六）土壤质地（其他类型）

大兴区土壤质地还包括中壤质、重壤质等类型，在大兴区有零星分布，其中中壤质约占耕地总面积的6.1%，重壤质约占2.0%，具体见图17。中壤质、重壤质土壤是农业生产比较理想的土壤，土壤质地适中、通气性好，大小空隙比例协调，水肥气热循环调节能力较强，干湿易耕，宜耕期长，长期耕种容易产生犁底层，应适当进行耕层的深松作业，为作物高产创建有利条件。改良上应注意培肥土壤，增施有机肥，合理施用化肥，调节氮、磷等养分的比例，精耕细作，加强灌排设施。总体来说，作物宜种范围广，一般耕作管理下可获较高产量。

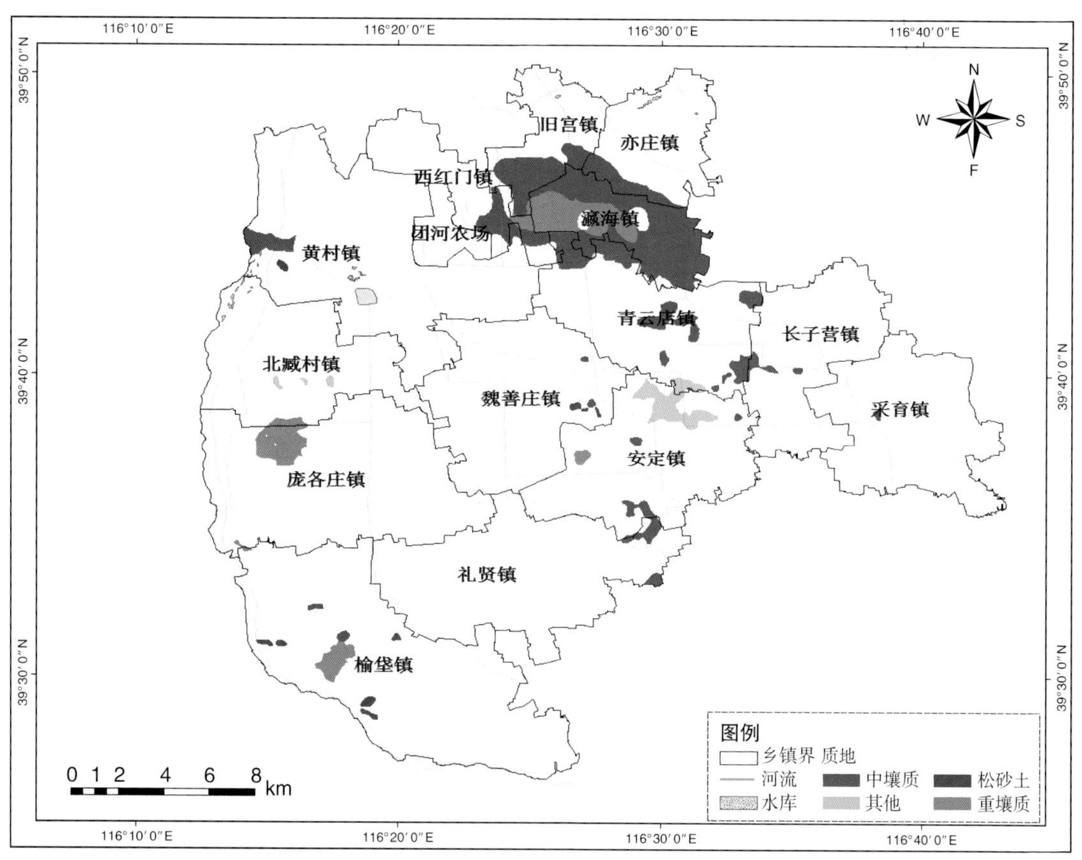

图17　大兴区其他类型土壤分布示意图

七、地力评价

近年来，大兴区实施测土配方施肥和耕地地力评价项目，实施总面积为 57 万亩（1 亩≈ 667m^2，全书同），全区共取土样 3 929 个（采样点分布见图 18），化验 40 443 项次，涉及内容广泛，包括耕地土壤的常规养分和中微量元素含量，基本摸清了全区土壤养分状况。并建立了大兴区土壤资源管理信息系统，将大兴区土壤的大量数据和图表实现了信息化，方便查询和利用，为政府决策和指导农户科学合理施肥提供了依据，大兴区耕地资源管理信息网，方便了农户上网查询土壤分布、土壤肥力，作物的推荐施肥等信息。

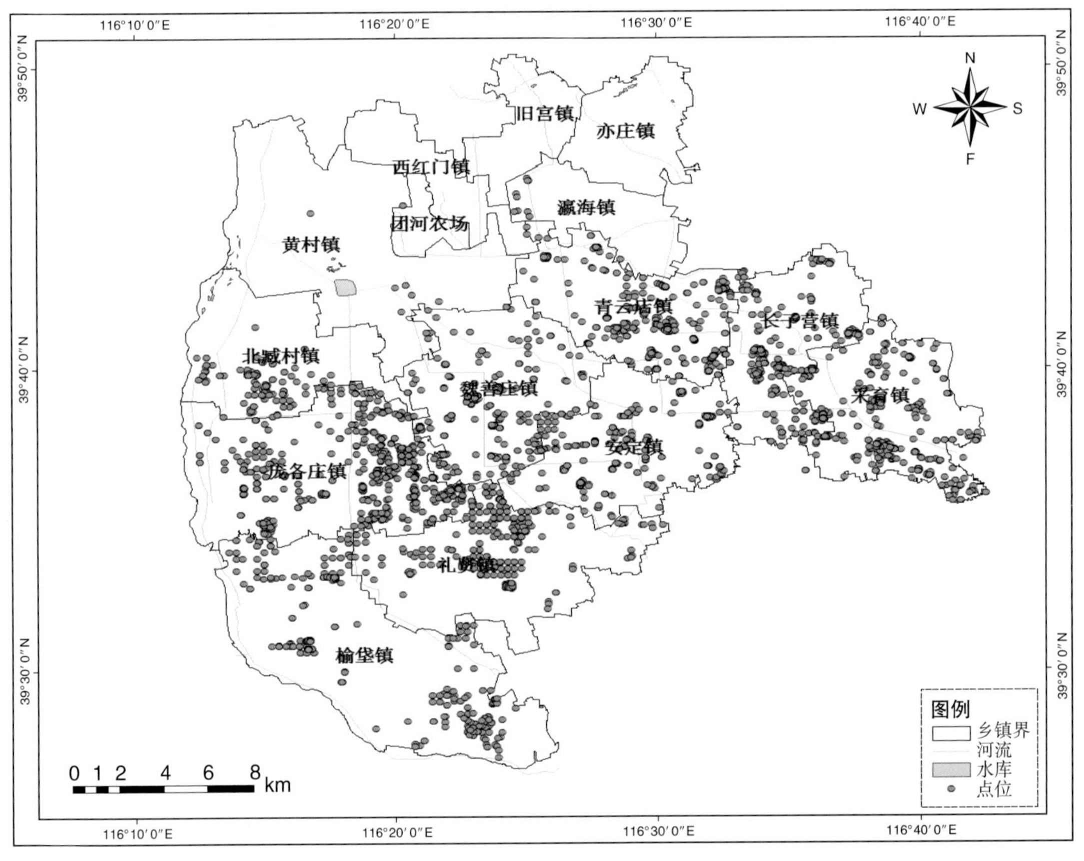

图 18 大兴区耕地地力评价调查点分布示意图

（一）总体地力

综合考虑耕地的灌溉条件、立地条件、土壤类型、土壤理化性状，土壤肥力等因素，大兴区地力等级分为 5 级，1 级地 3 928hm^2，占 9.23%；2 级地 8 605hm^2，占 20.22%；3 级地 17 693hm^2，占 41.58%；4 级地 11 239hm^2，占 26.41%；5 级地占 1 080hm^2，占 2.53%。其中 1、2 级地为高产田土壤，面积共 12 533hm^2，占 29.45%。3、4 级地为中产田土壤，面积共 21 176hm^2，占 40.82%，5 级地为低产田土壤，面积 28 932hm^2，占 67.99%。各等级土壤分布见图 19。

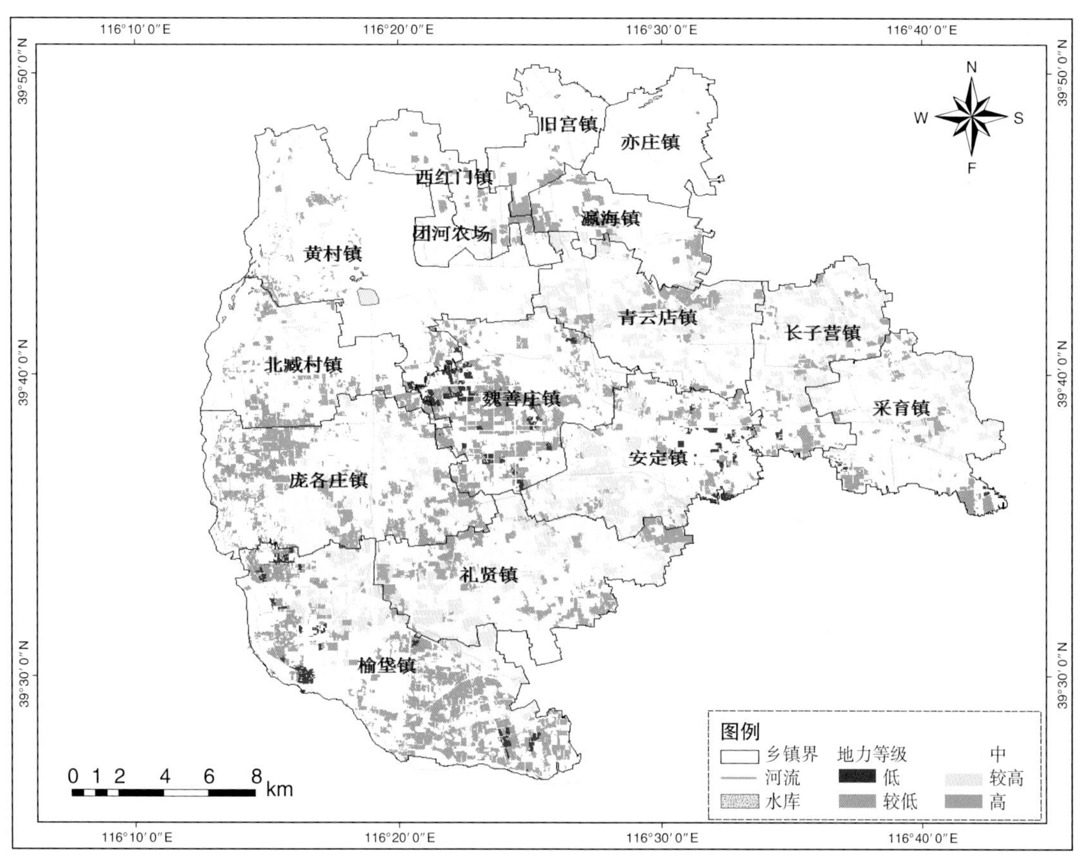

图 19 大兴区耕地地力等级分布示意图

（二）土壤有机质含量

大兴区耕地土壤有机质含量处于中等偏上水平，各等级有机质含量耕地的分布如图20所示。有机质含量高、较高、中、较低和低的面积分别占16.60%、23.27%、33.53%、24.65%和1.93%，大兴北部、东北部以及北臧村镇和庞各庄镇中部、榆垡镇与礼贤镇交界处、安定西南部等地区土壤有机质含量较高。永定河流域一带、魏善庄镇西南部及安定镇、庞各庄镇、榆垡镇、礼贤镇东南部地区土壤有机质含量较低。其他地区处于中等水平。

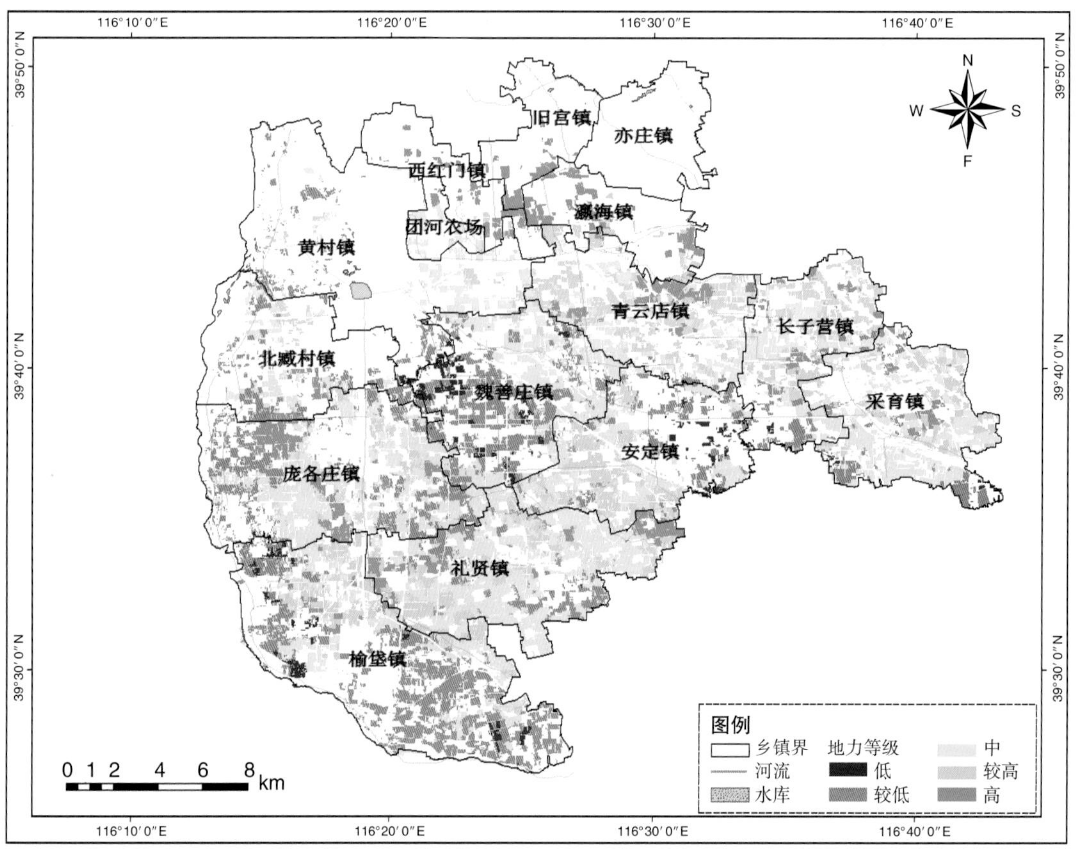

图20 大兴区耕地土壤有机质含量等级分布示意图

（三）土壤有机质含量变化

2016年土壤有机质含量与1980年土壤普查时相比，大兴区土壤有机质含量主要以上升为主。其中上升（上升范围0～5g/kg）的耕地面积占全部耕地面积的61.36%，有机质显著上升（上升范围5～10g/kg）的耕地面积比例约15.32%。具体位置土壤有机质含量变化见图21。

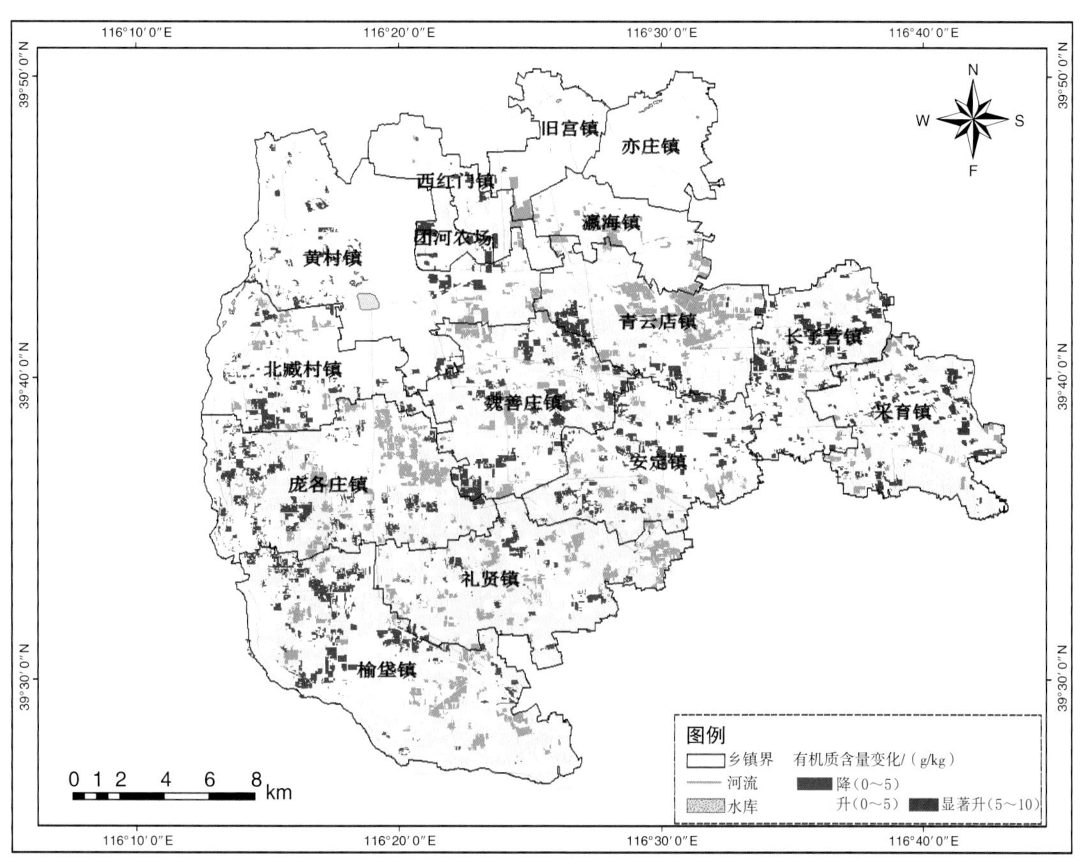

图21　大兴区耕地土壤有机质含量变化分布示意图

（四）土壤全氮含量

大兴区耕地土壤全氮含量处于低等水平，各等级土壤全氮含量耕地的分布见图 22。全氮含量高、较高、中、较低和低的面积分别占 18.12%，13.27%、18.27%、18.15% 和 32.17%。东北部地区和庞各庄镇中西部、礼贤镇西南部等地区土壤全氮含量较高。永定河流域及采育镇中部、安定镇、魏善庄中南部和礼贤镇东南部地区土壤全氮含量较低。其他地区处于中等水平。

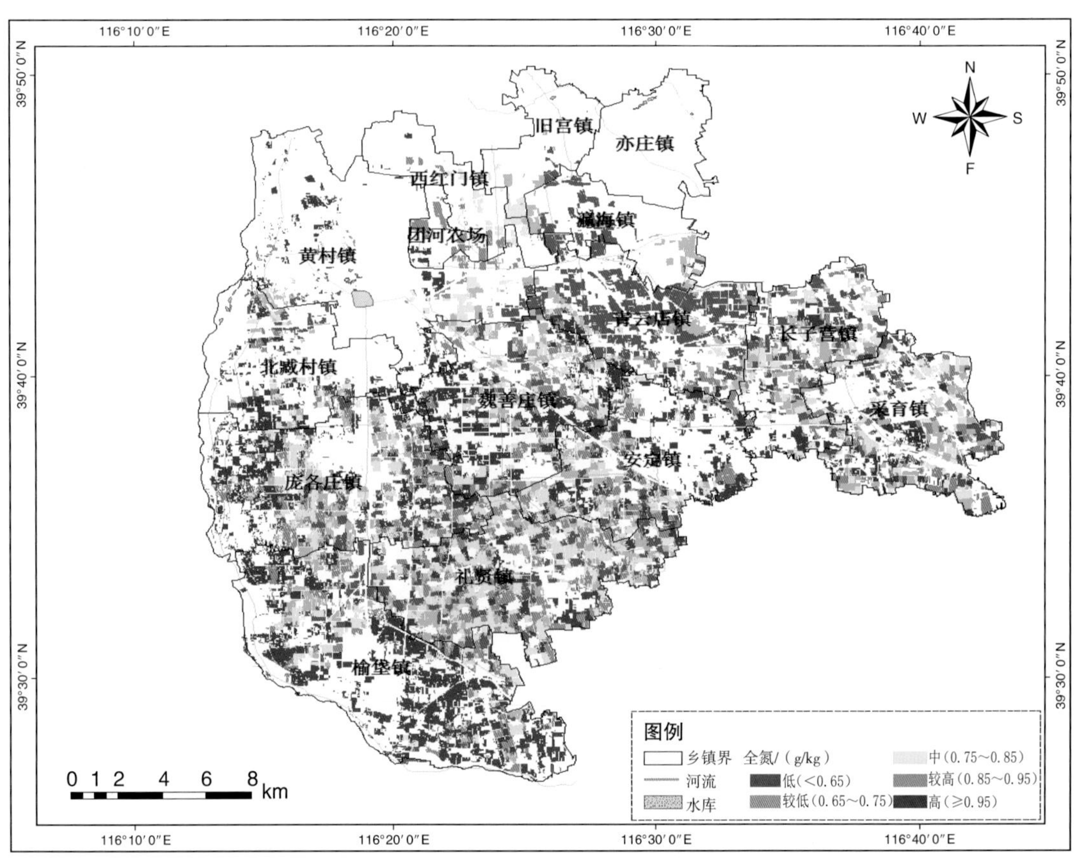

图 22　大兴区耕地土壤全氮含量等级示意图

（五）土壤全氮含量变化

2016 年土壤全氮含量与 1980 年第二次土壤普查时相比，大兴区土壤全氮含量变化以上升为主。其中上升（上升范围 0 ～ 0.5g/kg）的地块主要分布于各个地区，这类耕地面积占总耕地面积的 69.28%，下降（下降范围 0 ～ 0.5g/kg）地块的面积约为 30.71%，各地区均有分布。具体位置土壤全氮含量变化见图 23。

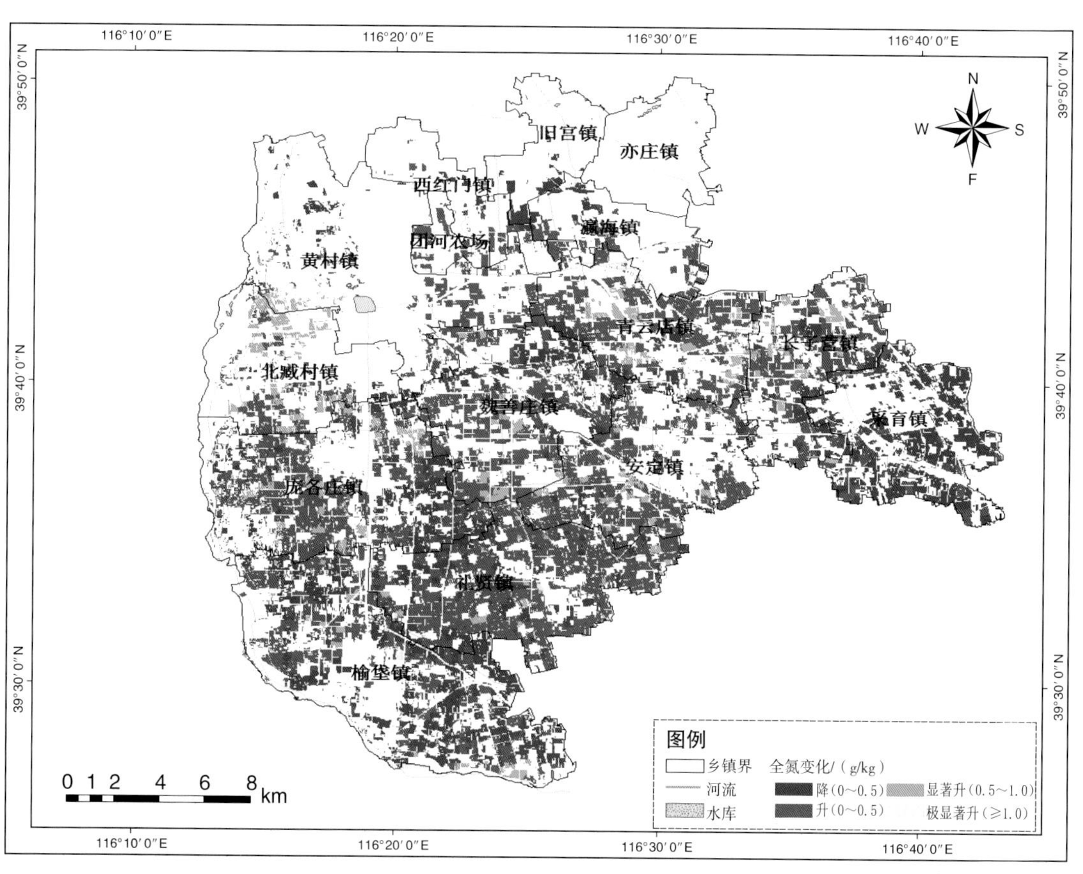

图 23　大兴区耕地土壤全氮含量变化示意图

（六）土壤有效磷

大兴区耕地土壤有效磷含量处于中等偏高水平，各等级土壤有效磷耕地的分布见图24。有效磷含量高、较高、中、较低和低的面积分别占 43.49%、13.58%、16.28%、8.32% 和 18.29%。北部部分地区土壤有效磷含量较高，永定河沿岸小部分地区及榆垡镇中西部、采育镇大部分地区有效磷含量较低。

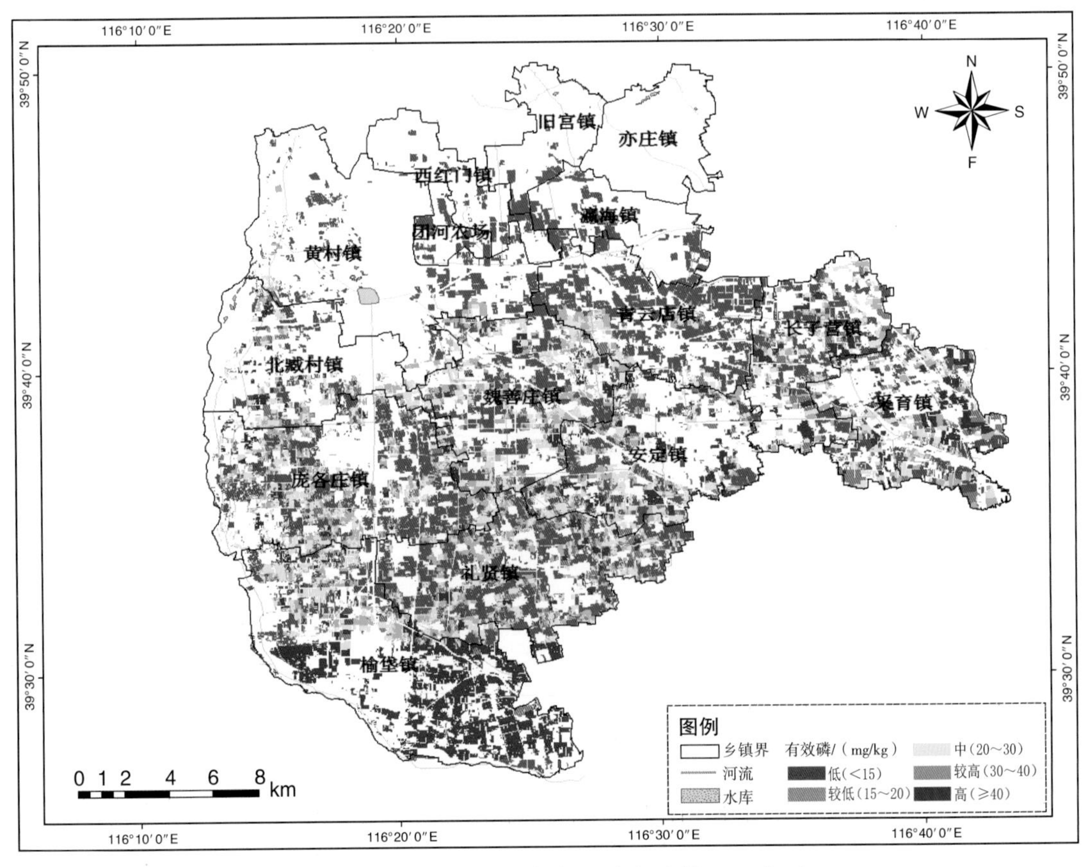

图 24 大兴区耕地土壤有效磷含量等级示意图

（七）土壤有效磷变化

2016 年土壤有效磷含量与 1980 年第二次土壤普查时相比，大兴区土壤有效磷含量变化以升为主。极显著上升（上升量大于 10mg/kg）的地块面积约占 77.26%，分布于除了榆垡镇中南部外的各个地区，主要是由于瓜果蔬菜等作物上长期大量施肥造成，土壤有效磷超过 60mg/kg 存在环境风险，另外，磷的含量过高还会造成微量元素的缺乏、营养比例失衡，应控制土壤磷增长过快的局面；榆垡镇中南部则处于平衡或者稍有降低的状况。具体位置土壤有效磷含量变化见图 25。

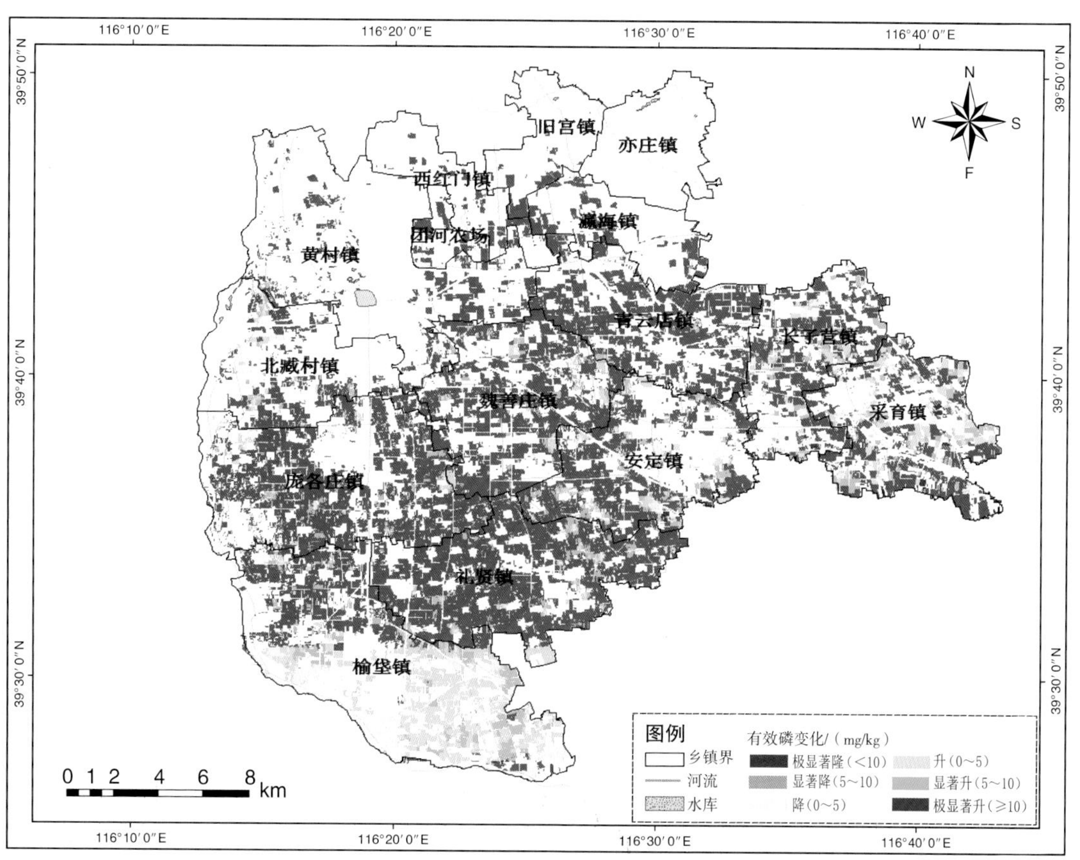

图 25 大兴区耕地土壤有效磷含量变化示意图

（八）土壤速效钾

大兴区耕地土壤速效钾含量处于中等偏高水平，各等级土壤速效钾含量耕地的分布见图 26。速效钾含量高、较高、中、较低和低的面积分别占 11.83%、11.12%、21.53%、28.31% 和 27.18%。东南部土壤中速效钾含量较高，如榆垡镇北部和东部边界处，礼贤镇东部，安定镇南部、青云店镇东部、长子营镇中部、采育镇西北部及东部边界地区土壤速效钾含量较高。西北部、安定镇东部、榆垡镇中南部地区速效钾含量较低。

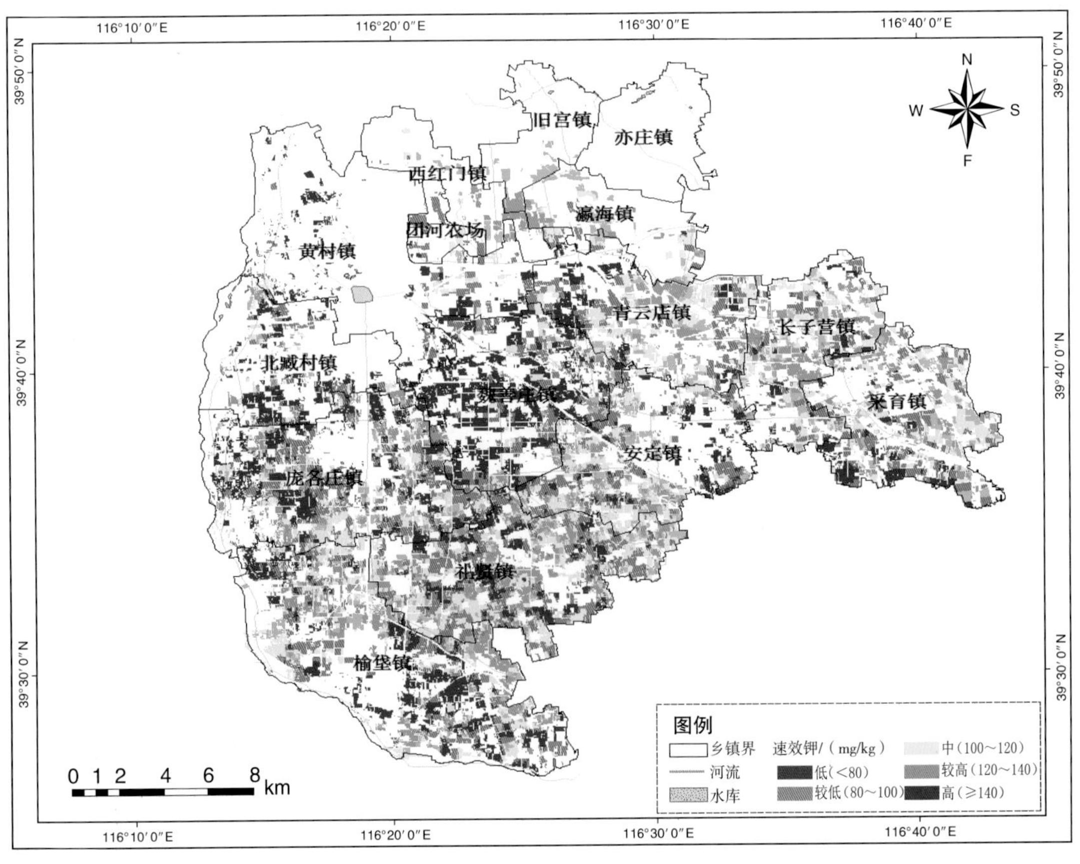

图 26 大兴区耕地土壤速效钾含量等级示意图

（九）土壤速效钾含量变化

2016 年土壤速效钾含量与 1980 年第二次土壤普查时相比，大兴区土壤速效钾含量变化以升为主，上升（上升范围 0 ～ 50mg/kg）的耕地面积比例为 55.39%，主要分布于各个地区；下降（下降范围 0 ～ 25mg/kg）的耕地面积比例为 22.21%，主要分布于各个地区。具体位置土壤速效钾含量变化见图 27。

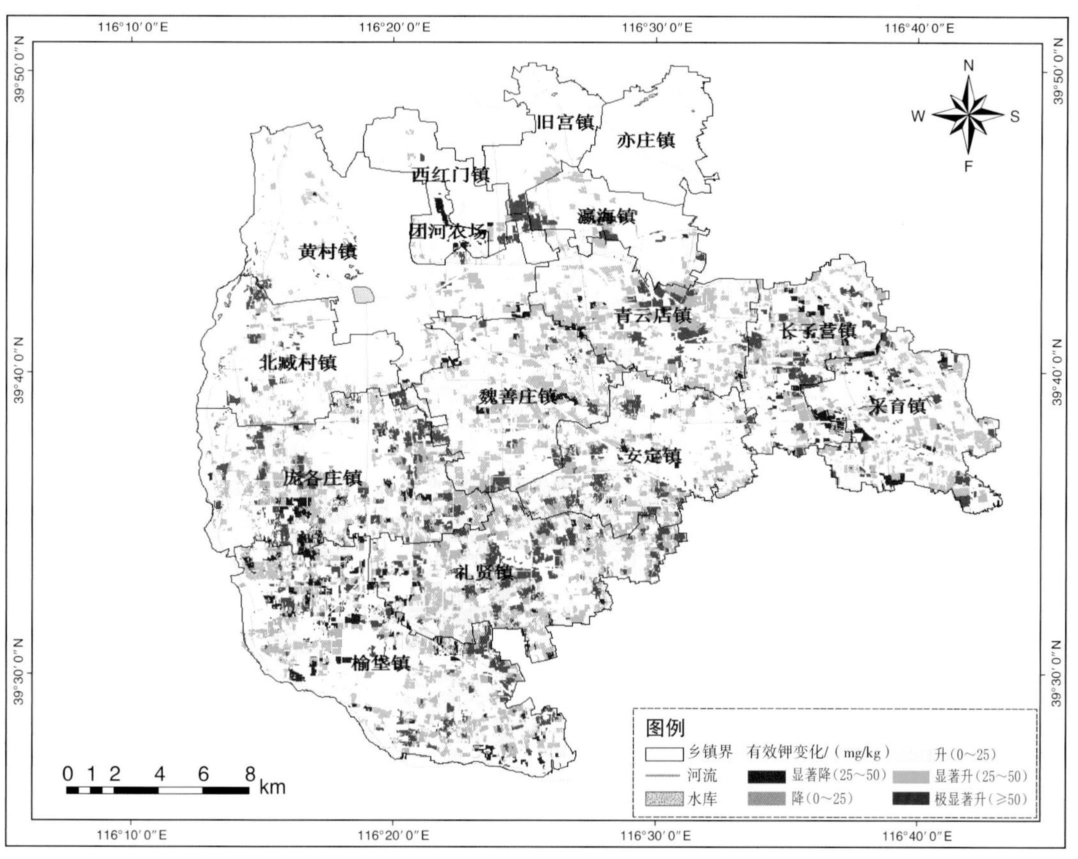

图 27　大兴区耕地土壤速效钾含量变化示意图

八、土壤养分障碍

（一）耕地土壤有机质障碍

大兴区耕地土壤有机质含量处于低等级面积所占的比例为26.58%，主要分布于永定河流域一带、魏善庄镇西南部及安定镇、庞各庄镇、榆垡镇、礼贤镇等，具体分布见图28。由于长期的耕作，只投入化肥，有机肥投入很少，使得有机质下降显著。这些地块应加大秸秆还田和有机肥投入，培肥地力。

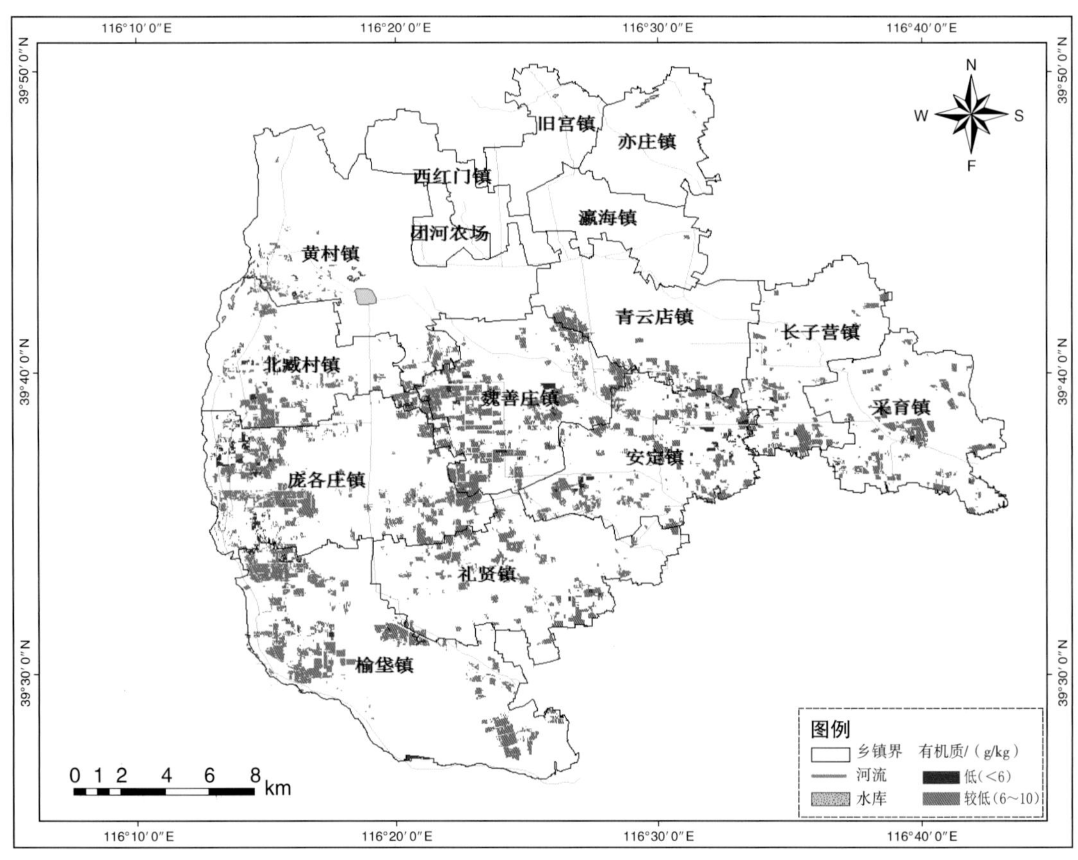

图28 大兴区耕地土壤有机质含量障碍示意图

（二）耕地土壤全氮障碍

大兴区耕地土壤全氮含量处于较低和低等级面积所占的比例分别为32.17%和18.15%，分布于各个地区，重点分布于南部各镇，具体分布见图29。在重视氮肥施用量的同时，要注意避免过量施用，大兴主要是砂土与砂壤土，保肥性能差，过量使用容易对河流和地下水产生不良影响。

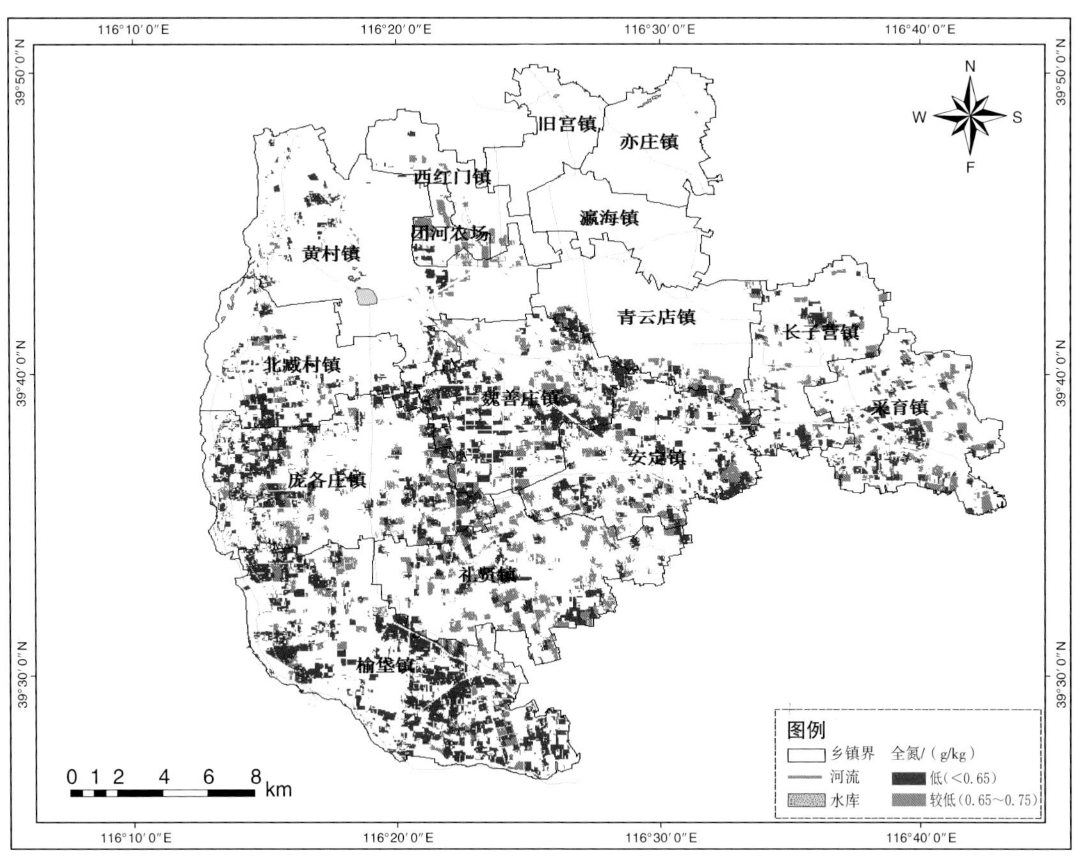

图29 大兴区耕地土壤全氮含量障碍示意图

（三）耕地土壤有效磷障碍

总体上看，大兴区耕地磷素属于中等偏高水平，该区占总耕地面积 8.33% 的土壤有效磷含量处于低等水平，18.29% 的耕地面积土壤有效磷含量属于极低等水平，主要分布在永定河沿岸小部分地区及榆垡镇南部、安定镇和采育镇部分地区，具体分布见图 30。因此该区应该在养分平衡原则下，注意磷素养分的有效调控投入，以满足作物生长对磷的需求。

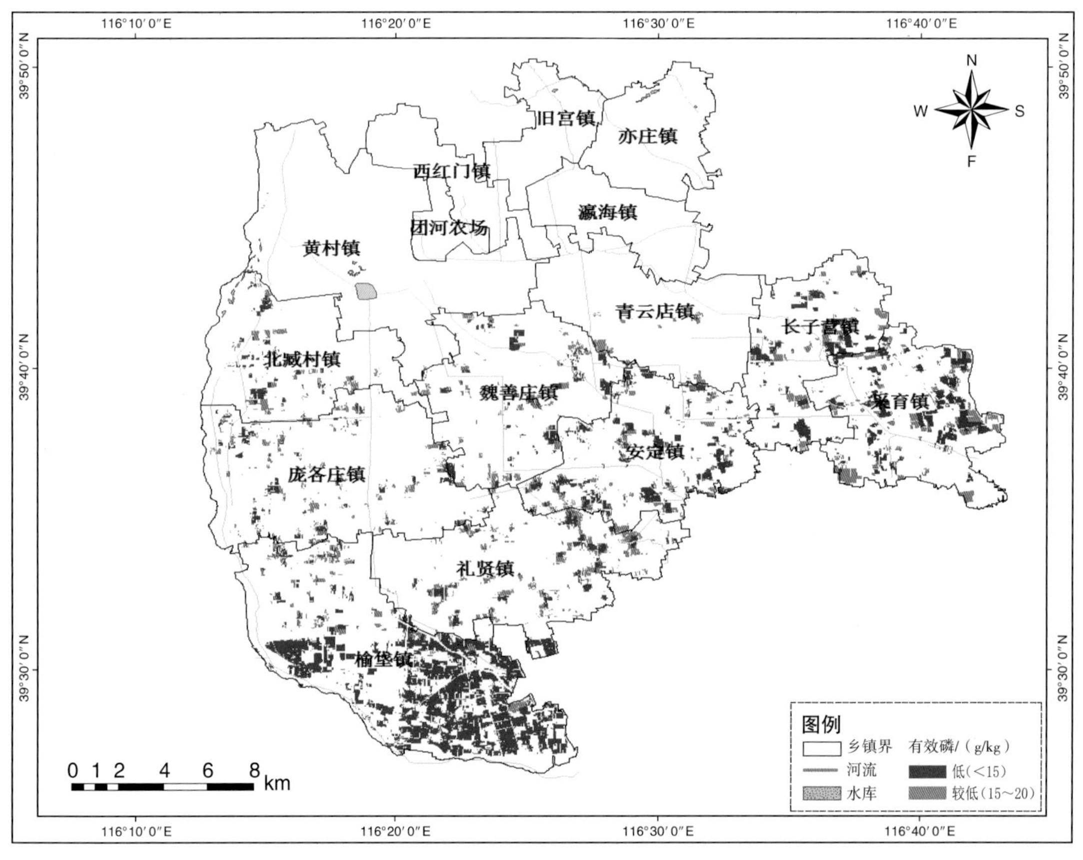

图 30　大兴区耕地土壤有效磷含量障碍示意图

（四）耕地土壤速效钾障碍

大兴区耕地土壤速效钾处于低等级含量水平的地块约占耕地土壤总面积的27.18%，主要分布于中西部地区，具体分布见图31。这些地块应加大秸秆还田力度，多投入钾肥，提高复混肥中钾的比例，以满足作物生长对钾肥的需求，提高作物的产量与品质。

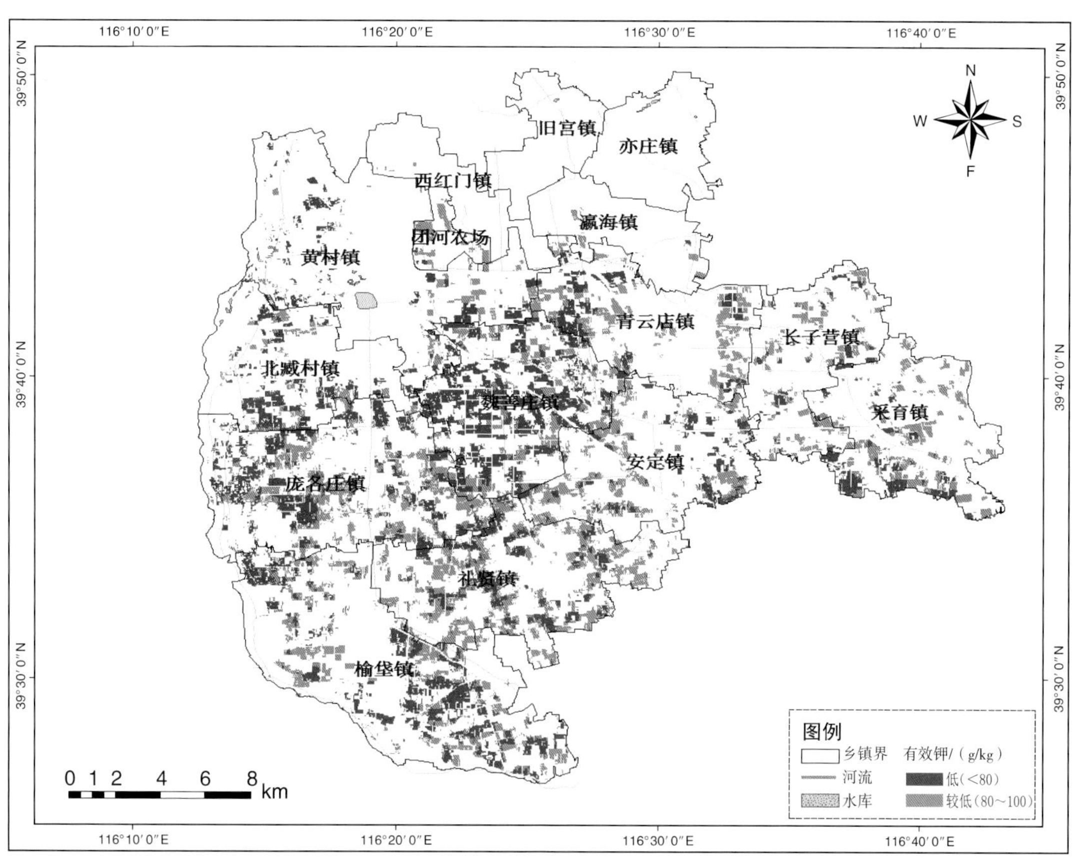

图31 大兴区耕地土壤速效钾含量障碍示意图

九、土壤改良与培肥

土壤是作物生长的基础，肥沃土壤不仅能为作物生长提供良好生长的条件，还能增强作物抵御不良生长环境的能力。土壤同时是地球生物圈的重要组成部分，对维持大气、水体环境质量具有重要性。农业生产中土壤管理的主要目标是改良土壤障碍因素，培肥土壤，维持农业可持续发展。

（一）合理使用有机肥

1. 施用有机肥的意义

有机肥是利用畜禽粪便、作物秸秆等物质加工而成，使用有机肥消纳有机废弃物，保持生态平衡。同时使用有机肥，可以培肥土壤，有机肥含有较多种类的养分，使用有机肥能显著增加土壤有效养分的含量，同时增加土壤微生物种类与数量，提高农作物吸收养分的数量。有机肥料能提高土壤阳离子代换量，增加对重金属等金属的吸附固定，提高了土壤自净能力，减少土壤中有害物质对农产品质量的危害。与化学肥料相比，有机肥能降低蔬菜中硝酸盐的含量，因此，使用有机肥料可以保障农产品的安全。由于有机肥成分复杂、养分含量差异大，养分释放受多因素影响。因此，生产中有机肥使用很难定量化，人们一般是凭经验施用。在粮食作物上有机肥用量不多，问题不大。在瓜果蔬菜等经济作物上，人们在施用化肥的同时还使用大量的有机肥，长期这样施肥带来很多负面问题，如造成土壤中磷钾养分富集，导致土壤养分比例不平衡，降低了土壤质量，影响了作物生长。有机肥不合理使用不仅造成养分资源浪费，而且产生环境污染，同时影响农产品品质安全。因此，有机肥施用急需规范化、定量化，防止过量施肥。

2. 有机肥定量使用的基本知识

有机肥含有多种养分，有机肥中养分大多是有机态的，只有在土壤中矿化才能被作物吸收利用，有机肥中养分数量与释放速度受到有机肥品种、土壤类型、作物品种等因素影响。

（1）有机肥含多种养分

相比化肥有机肥的养分含量较低，但是有机肥含有多种养分，以氮磷钾养分为主。市场上出售的商品有机肥养分含量要求在 5% 以上（氮磷钾养分之和），不同有机肥养分含量差异较大，表 3 为不同原料加工有机肥的氮磷钾养分含量与化肥养分的折算结果。

1t 有机肥（以多种有机肥养分含量平均值计算）含有的氮磷钾养分相当于 40.9kg 尿素、11.6kg 磷酸二铵、27.2kg 硫酸钾。

表 3　1t 不同种类有机肥（烘干基）养分含量与化肥量的折算明细

有机肥名称	全氮含量（N）/%	全磷含量（P_2O_5）/%	全钾含量（K_2O）/%	养分含量合计 /%	尿素 /kg	磷酸二胺 /kg	硫酸钾 /kg	化肥总和 /kg
鸡粪	2.5	0.93	1.6	5.03	55.6	20.7	32.0	108.3
牛粪	1.5	0.43	0.94	2.87	33.3	9.6	18.8	61.7
猪粪	2.1	0.89	1.11	4.1	46.7	19.8	22.2	88.7
鸭粪	1.6	0.88	1.37	3.85	35.6	19.6	27.4	82.6
羊粪	2	0.49	1.32	3.81	44.4	10.9	26.4	81.7
玉米秸秆	0.92	0.15	1.18	2.25	20.4	3.3	23.6	47.3
小麦秸秆	0.65	0.08	1.05	1.78	14.4	1.8	21.0	37.2
紫云英	3.44	0.33	2.29	6.06	76.4	7.3	45.8	129.5
平均	1.8	0.5	1.4	3.7	40.9	11.6	27.2	79.6

（2）有机肥养分释放较慢

化肥的养分是速效的，有机肥养分是缓效的，有机肥中的养分大部分为有机形式存在，经过分解作用变为无机养分释放到土壤中才能被植物吸收，而有机肥养分的释放时间较长、释放规律复杂，需要掌握养分释放规律才能更好地满足作物养分需求。有机肥中氮、磷养分大部分以有机形态存在，释放速度较慢科学施用有机肥，大部分释放发生在中后期。有机肥中的钾素一般以无机形态存在，钾有效态含量较高，钾素释放速度较快，且释放主要发生在前期。

3. 有机肥的养分释放

有机肥中养分是有机态的，不能直接被作物吸收利用。需要在土壤微生物的作用下，将有机肥有机态的养分分解成为无机态的才能被作物吸收利用，这一过程叫有机肥的矿化，有机肥经过矿化释放的某种养分的量占有机肥中该养分总量的比值叫矿化系数。有机肥矿化决定有机肥可提供的有效养分的数量与速度，矿化过程受有机肥特性、土壤温度、生长时期等因素影响。

（1）有机肥特性对矿化系数的影响

不同有机肥因为养分含量、成分组成、理化性质等均有很大差别，因此有机肥养分的矿化系数差异很大。鸡粪、羊粪等热性肥料矿化速度快，短期养分释放量大；牛粪等冷性肥料矿化速度慢，前期养分释放量较小；秸秆类有机肥因为含氮量较低，在施用时还会固定一部分土壤氮素，因此，其养分矿化系数相对更低。表 4 为不同有机肥的养分矿化系数，根据矿化系数可计算出有机肥释放的养分量，以便指导减少化肥用量。

表 4　有机肥 100 天的养分矿化系数（赵明，2007）

有机肥品种	氮素矿化系数	磷素矿化系数	钾素矿化系数	土壤类型	研究方法
鸡粪	0.399	0.246	0.788	壤土棕壤	室内纯培养
牛粪	0.206	0.613	0.368	壤土棕壤	室内纯培养
猪粪	0.353	0.348	0.415	壤土棕壤	室内纯培养

（2）温度对矿化系数的影响

在一定范围内（0 ～ 40℃）温度越高有机肥矿化系数越高，设施条件下有机肥的矿化系数就要高于露地条件。温度对氮、磷养分矿化系数影响较大，对钾素矿化系数影响较小，在施用的时候需要注意，表 5 为不同有机肥在设施壤土和露地壤土中 300 天矿化系数。

表 5　有机肥在不同生长条件下的矿化系数（壤土 300 天）

不同条件 / 有机肥品种	设施条件			露地条件		
	氮素矿化系数	磷素矿化系数	钾素矿化系数	氮素矿化系数	磷素矿化系数	钾素矿化系数
鸡粪	0.805	0.718	0.806	0.583	0.535	0.837
牛粪	0.591	0.563	0.661	0.382	0.518	0.672
猪粪	0.495	0.446	0.707	0.463	0.323	0.691
鸡粪秸秆	0.176	0.358	0.607	0.206	0.213	0.535
蘑菇渣	0.258	0.666	0.834	0.250	0.433	0.821

（3）时间对矿化系数的影响

有机肥在施用前期矿化速度较快，后期矿化速度较慢，时间越长释放的养分总量越多，根据作物生长期的长短计算有机肥的养分释放量。粪便类有机肥前期即可释放大量养分，鸡粪、牛粪前 30 天氮素释放比例占总氮的比例依次为 62.33%、32.48%；而秸秆类有机肥前期释放养分量较低，鸡粪秸秆、蘑菇渣前 30 天氮素释放比例占总氮的比例依次为 3.79%、15.88%，表 6 为不同有机肥在设施条件下不同时间点的氮素矿化系数。

表 6　设施条件下有机肥氮素不同时间矿化系数

品种 \ 时间	30 天	60 天	240 天	300 天
鸡粪	0.623	0.669	0.730	0.805
牛粪	0.324	0.398	0.481	0.591
猪粪	0.195	0.223	0.292	0.495
鸡粪秸秆	0.379	0.452	0.177	0.197
蘑菇渣	0.158	0.164	0.178	0.258

4. 有机肥定量推荐过程

推荐施肥首先根据作物目标产量和土壤肥力，计算出作物所需的总养分量；其次结合地块状况和作物类型，推荐有机肥种类和用量，计算出有机肥所能提供的有效养分；然后从作物生长需要的总养分量里扣除有机肥提供的养分，不足的养分通过化肥来补充。

有机肥定量推荐过程包括：明确施肥目的、确定有机肥品种及用量、计算有机肥中有效养分含量、扣除有机肥有效养分后推荐的化肥用量。

（1）明确施肥目的

有机肥主要具有培肥土壤和提供养分两个作用，因此，在使用时需要明确哪个作用起主导作用。针对低肥力、新建菜田等土壤，有机肥以培肥土壤作用为主，有机肥培肥土壤是优先增加土壤有机质，其次增加土壤养分为施用原则；针对高肥力、老菜田等土壤，有机肥以养分供应为主，有机肥供应养分是优先保持土壤养分含量、其次维持土壤有机质含量为原则。

（2）确定有机肥品种及用量

①培肥土壤的有机肥

如果使用有机肥主要目的是培肥土壤，首先选用有机质含量高、培肥土壤作用明显的有机肥。培肥土壤效果由高到低的有机肥品种推荐顺序是：秸秆类 > 家畜类（牛、猪、羊等）> 禽类（鸡、鸭、鹅等）类有机肥，各种有机肥常规推荐用量见表 7。在实际生产中有机肥经常混合使用，需要把握各种有机肥的施用配比，推荐秸秆类有机肥占比 60% ～ 70%，家畜、家禽类有机肥占比 30% ～ 40%。

表 7　培肥土壤时有机肥的施用方法

优先使用程度	有机肥品种	推荐亩用量 /t/ 亩	施用方法
高	秸秆类	2.5 ～ 3	有机肥均匀撒施，土壤深翻 30cm，土壤和有机肥充分混匀
中	家畜类	2 ～ 2.5	
低	家禽类	1.5 ～ 2	

②供应养分的有机肥

从提供养分数量与速度考虑，有机肥品种推荐顺序是：禽类（鸡、鸭、鹅等）> 家畜类（牛、猪、羊等）> 秸秆类有机肥，各种有机肥推荐施用方法见表 8。有机肥应该挖沟条施或者挖坑穴施，避免有机肥表面撒施，提高有机肥养分的利用效率。

表 8　供应养分的有机肥施用方法

优先使用程度	有机肥品种	推荐亩用量 /t/ 亩	施用方法
高	家禽类	0.8 ～ 1	有机肥挖沟条施或者挖坑穴施，避免有机肥表面撒施
中	家畜类	1 ～ 1.5	
低	秸秆类	1.5 ～ 2	

（3）计算有机肥有效养分供应量

①获取有机肥养分含量

在实际生产过程中有机肥养分数据获取有两种方式，分别是样品测定和经验值估算，通常来讲实际测算结果更为精准一些，具体测定可依托当地农化服务部门进行检测；主要有机肥养分含量经验值可参考表 3。

②估算有机肥矿化系数

有机肥当季矿化系数范围氮素 0.2 ～ 0.4，磷素为 0.5 ～ 0.6，钾素为 0.7 ～ 0.9。具体根据有机肥品种，结合施用的条件、作物生长时间确定矿化系数，具体数值参考前面各表。

③计算有机肥有效养分供应量

有机肥有效养分供量 = 有机肥用量 × 有机肥养分含量 × 矿化系数

$$N_E=M\times C\times R$$

其中：N_E 表示有机肥有效养分供应量，单位为千克 / 亩；M 为有机肥用量，单位为千克 / 亩；C 为有机肥养分含量，以百分数表示；R 为矿化系数，无单位。

（4）扣除有机肥有效养分供应量的化肥推荐量

①作物养分总需求量

作物养分需求量根据作物产量和单位产量所需的养分量计算得来，作物目标产量以所在地块前三年平均产量增加 10% 为准，单位产量所需养分量通过试验测试获得，表 9 为主要作物每生产 100kg 产量所需的养分量，按着作物目标产量即可计算出作物总养分需求。

作物总养分需求量（T）= 每形成 100kg 产量所需的养分量 × 作物目标产量

表 9　主要作物每生产 100kg 产量所需的养分量

作物	收获物	形成 100kg 经济产量所吸收的养分量 /kg		
		氮（N）	五氧化二磷(P_2O_5)	氧化钾（K_2O）
水稻	籽粒	2.25	1.10	2.70
冬小麦	籽粒	3.00	1.25	2.50
玉米	籽粒	2.57	0.86	2.14
黄瓜	果实	0.40	0.35	0.55
番茄	果实	0.25	0.15	0.50
茄子	果实	0.30	0.10	0.40
芹菜	全株	0.16	0.08	0.42
菠菜	全株	0.36	0.18	0.52
萝卜	块根	0.60	0.31	0.50
花生	荚果	6.80	1.30	3.80
大豆	豆粒	7.20	1.80	4.00

注：1kg 氮（N）相当于 2.22kg 尿素；1kg 五氧化二磷（P_2O_5）相当于 2.17kg 磷酸二铵；1kg 氧化钾（K_2O）相当于 2kg 硫酸钾。数据来源《测土配方施肥技术，2005》

②施肥补充的养分量

作物生长所吸收养分主要是来源于土壤，土壤本身有一定肥力，能提供一定养分，另外降雨和大气沉降也带入一定的养分，其他不足部分则需要通过施肥补充。灌水和大气带入的大部分养分主要是氮，其数值一般通过科研数据获得，南方降雨与灌水每年带入农田的氮相当于尿素 8 ～ 10kg/ 亩，北方相当于尿素 3 ～ 4kg/ 亩，大气沉降每年带入农田的氮相当于尿素 10kg/ 亩左右，土壤供应的养分不同地块差别很大，通过咨询当地土肥推广部门可获得。

施肥补充的养分量（X）= 作物总养分需求量（T）– 土壤供应养分量（S）– 灌水带入养分量（W）– 大气带入养分量（A）

③化肥养分需求量

作物生长通过施肥补充的总养分量主要来自化肥和有机肥，因此，作物总养分需求量扣除有机肥能提供的养分量，就是通过化肥来补充的养分量。

化肥供应养分量（F）= 施肥补充养分量（X）– 有机肥养分供应（N_E）

（5）基于扣除有机肥有效养分的化肥推荐用量

以番茄施肥为例，扣除有机肥有效养分含量的化肥推荐施肥如表 10。

表 10　基于扣除有机肥有效养分的推荐施肥

推荐施肥计算步骤	氮（N）	磷（P_2O_5）	钾（K_2O）
有机肥总养分含量 /（kg/t）	20.0	20.0	20.0
养分矿化系数 /%	35	55	80
施用 1t 有机肥提供的有效养分量 /（kg/t）	7.0	11.0	16.0
亩产 8t 番茄需施肥补充养分量 /（kg/t）	23.2	6.7	36.1
化肥推荐量 /（kg/ 亩）	15.2	0	20.1

5. 有机肥定量化施用注意事项

（1）根据土壤质地定量化

① 砂土土壤

砂土土壤肥力较低，土壤保肥保水能力差，养分容易流失，可增加有机肥用量，初期可使用秸秆类有机肥，快速改良培肥土壤，中后期使用养分含量高的有机肥，一次使用量不能太多，使用过量容易烧苗，转化的速效养分也容易流失，养分含量高的优质有机肥料可分底肥和追肥多次使用，也可配合深施堆腐秸秆和养分含量低、养分释放慢的粗杂有机肥料。

② 黏土土壤

黏土保肥、保水性能好，养分不易流失，但是土壤供肥速度慢，土壤紧实，通透性差，有机成分在土壤中分解缓慢，黏土有机肥料可早施，可接近作物根部。

③ 壤土土壤

壤土具有较好的保水保肥的特性，有机肥施用可主要考虑作物品种和土壤肥力，有机肥主要做底肥，用量适中即可。

（2）根据土壤肥力定量化

① 高肥力土壤，有机肥控制使用

高肥力土壤常见于设施和果园土壤，对于设施土壤而言，种植年限 3 ～ 5 年的地块，土壤肥力基本处于高肥力水平。高肥力土壤养分含量较高，特别是土壤磷钾含量快速增加，在使用有机肥时要注意磷钾含量较高的有机肥的控制使用（特别是鸡粪、猪粪、羊粪、鸭粪等），亩用量低于 2t 基本可满足作物需求。

②低肥力土壤，有机肥合理使用

低肥力土壤常见于粮田或者新开拓土地，土壤肥力较低，种植初期可增加有机肥用量，以有机物含量高的有机肥（秸秆类、牛粪等）为主要，亩用量可增加至 3t，但是连续使用两三年后，要根据肥力变情况调整施肥施肥种类与用量。

（3）根据作物定量化

不同作物种类、同一作物的不同品种对养分的需求量及其比例、养分的需要时期、对肥料的忍耐程度均不同，因此，在施肥时应考虑作物需肥规律，制订合理的施肥方案。

设施种植一般生长周期长、需肥量大的作物，需要大量施用有机肥，作为基肥深施，施用在离根较远的位置。一般有机肥和磷钾做底肥施用，后期应该注意氮、钾追肥，以满足作物的需肥。由于设施处于相对封闭环境，应该施用充分腐熟的有机肥，防治在大棚里二次发酵，由于保护地没有雨水的淋洗，土壤中的养分容易在地表富集而产生盐害，因此肥料一次不易施用过多，并施肥后配合浇水。早发型作物，在初期就开始迅速生长，像菠菜和生菜等生育期短的蔬菜就属于这个类型，这些蔬菜若后半期氮素肥料用量过大，则品质恶化，所以就要以基肥为主，施肥位置也要浅一些，离根近一些为好。白菜、圆白菜等结球蔬菜，既需要良好的初期生长，又需要后半期有一定的生长量，保证结球紧实，因此，在后半期应有少量氮、钾肥供应，保障后期生长。

6. 有机肥替代部分化肥示例

为了保证作物产量，同时减少化肥用量，农业部曾在全国推广有机肥替代部分化肥技术。下面以玉米和番茄为例，介绍在推荐施肥过程中，常见有机肥品种可以替代部分化肥的数值，为生产中有机肥替代化肥提供技术支撑。

（1）玉米有机肥替代部分化肥示例

玉米施用有机肥分秸秆还田和秸秆不还田两种情况：秸秆还田下少量使用有机肥，亩推荐量在 100 ～ 300kg；秸秆不还田下应加大有机肥用量，亩推荐量 250 ～ 500kg。有机肥定量化可指导玉米种植中化肥减量施用，夏玉米有机肥定量推荐如表 11。

表 11　夏玉米有机肥定量推荐

	土壤类型	有机肥种类	有机肥亩用量 /（kg/ 亩）	减量氮肥尿素 /（kg/ 亩）	减量磷肥磷酸二铵 /（kg/ 亩）	减量钾肥硫酸钾 /（kg/ 亩）
秸秆还田	砂土	鸡粪	200	4.4	2.2	5.1
		猪粪	300	4.2	3.0	5.0
		牛粪	300	3.5	1.3	3.9
	壤土	鸡粪	150	3.3	1.7	3.8
		猪粪	250	3.5	2.5	4.1
		牛粪	250	2.9	1.1	3.3
	黏土	鸡粪	100	2.2	1.1	2.6
		猪粪	200	2.8	2.0	3.3
		牛粪	200	2.3	0.9	2.6
秸秆不还田	砂土	鸡粪	300	6.7	3.3	7.7
		猪粪	400	5.6	4.0	6.6
		牛粪	500	5.8	2.2	6.6
	壤土	鸡粪	250	5.6	2.8	6.4
		猪粪	350	4.9	3.5	5.8
		牛粪	450	5.3	1.9	5.9
	黏土	鸡粪	200	4.4	2.2	5.1
		猪粪	300	4.2	3.0	5.0
		牛粪	400	4.1	1.5	4.6

注：鸡粪、猪粪、牛粪氮养分含量以 2.5%、2.1%、1.5% 计算；鸡粪、猪粪、牛粪有机肥氮素矿化系数依次以 0.4、0.3、0.3 计算；鸡粪、猪粪、牛粪磷含量分别以 0.93%、0.89%、0.43% 计算，磷素矿化系数依次为 0.55、0.5、0.45；鸡粪、猪粪、牛粪钾含量分别以 1.6%、1.1%、0.94% 计算，钾素矿化系数依次为 0.8、0.75、0.7

（2）番茄有机肥替代部分化肥示例

番茄施用有机肥分设施和露地两种情况，高肥力少量使用鸡粪、猪粪等养分较高的有机肥，低肥力使用牛粪等养分含量较低的有机肥。设施下有机肥用量较小，高中低肥力有机肥亩用量推荐分别为 0.8 ～ 1t、1.2 ～ 1.5t、1.8 ～ 2.0t；露地条件下有机肥用量较大，高中低肥力有机肥亩用量推荐分别为 1.0 ～ 1.2t、1.2 ～ 1.8t、1.8 ～ 2.0t；有机肥定量化可指导番茄种植中化肥减量施用，番茄有机肥定量推荐如表 12。

表 12　番茄有机肥定量推荐

种植条件	土壤肥力	有机肥种类	有机肥亩用量 /（t/ 亩）	减量氮肥尿素 /（kg/ 亩）	减量磷肥磷酸二铵 /（kg/ 亩）	减量钾肥硫酸钾 /（kg/ 亩）
设施	高肥力	鸡粪	0.8	17.8	9.1	20.5
		猪粪	1.0	14.0	9.9	16.5
	中肥力	鸡粪	1.2	26.7	13.6	30.7
		猪粪	1.5	21.0	14.8	24.8
		牛粪	1.5	15.0	6.5	19.7
	低肥力	猪粪	1.8	25.2	17.8	29.7
		牛粪	2.0	20.0	8.6	26.3
露地	高肥力	鸡粪	1.0	19.4	10.3	25.0
		猪粪	1.2	15.7	10.7	19.0
	中肥力	鸡粪	1.2	23.3	12.4	30.0
		猪粪	1.5	19.6	13.4	23.8
		牛粪	1.8	15.6	6.9	22.7
	低肥力	猪粪	1.8	23.5	16.0	28.5
		牛粪	2.0	17.3	7.6	25.2

注：鸡粪、猪粪、牛粪氮养分含量以 2.5%、2.1%、1.5% 计算；设施条件下鸡粪、猪粪、牛粪有机肥氮素矿化系数依次以 0.4、0.3、0.3 计算；露地条件下鸡粪、猪粪、牛粪有机肥氮素矿化系数依次以 0.35、0.28、0.26 计算。鸡粪、猪粪、牛粪磷含量分别以 0.93%、0.89%、0.43% 计算，设施磷素矿化系数依次为 0.55、0.5、0.45，露地磷素矿化系数依次为 0.5、0.45、0.4；鸡粪、猪粪、牛粪钾含量分别以 1.6%、1.1%、0.94% 计算，设施钾素矿化系数依次为 0.8、0.75、0.7，露地钾素矿化系数依次为 0.78、0.72、0.67。

（二）土壤消毒

土壤是病虫害传播的主要媒介，也是病虫害繁殖的主要场所。许多病菌、虫卵和害虫，都在土壤中生存或越冬，而且土壤中还常存有杂草种子。因此，不论是苗床用土、盆花用土、露天苗圃地、农田还是温室大棚等设施土壤，使用前都应彻底消毒。

1. 太阳能消毒技术

太阳能土壤消毒技术是指在密闭环境中，通过吸收利用太阳光能，迅速提高土壤温度，从而杀死各类土传病菌及地下害虫的一种土壤消毒方法，可避免药剂消毒所造成的土壤有害物质残留、理化性质破坏等弊端。

太阳能消毒的方法是温室或田间作物采收后，清除其前茬作物的枯苗和杂草，根据下茬栽培作物撒施基肥，以及稻壳 500kg/ 亩（或碎稻草 600kg/ 亩）、石灰氮 70 ～ 80kg/ 亩。然后把土壤翻耕，并进行灌水。在 7—8 月，气温达 35℃以上时，覆盖地膜及大棚膜，可使土温高达 60℃左右，晴好天气下保持 15 ～ 20 天，从而实现高温消毒，可杀死土壤中的各种病菌及害虫。消毒结束后撤除地膜和大棚膜，保持露地状，再翻耕土壤，待气味散去后，即可种植。

2. 药剂消毒

土壤药剂消毒是将化学、生物制剂通过土壤注射、土表喷施、设施内熏蒸等方式，施用到土壤中以杀死土壤中的病原菌、地下害虫、线虫、杂草种子等。主要使用的药剂有甲醛、多菌灵、百菌清、波尔多液、棉隆、线克（威百亩）、硫黄、阿维菌素、氯化苦、溴甲基等，其中氯化苦是比较常用的一种。

氯化苦属于危险化学品，其使用方法是在田间布点开穴，用土壤注射器向地下注射氯化苦原药，深度为 15cm，然后立即覆盖地膜，密闭熏蒸 15 天，揭开地膜，待药液挥发后定植。在施药方法、专用施药机械使用、工具养护等方面严格按要求操作，具体要点如下。

（1）施药量

在防治草莓重茬病害时，每平方米使用 30 ～ 50g。重茬年限越长，使用量越高。

（2）土壤条件

首先，旋耕 20cm 深，充分碎土，捡净杂物，特别是作物的残根。因为氯化苦不能穿透病残体的内部，不能杀灭残体内部的病原菌，这些病原菌很容易成为新的传染源。

（3）施药方法

用手动注射器将氯化苦注入土壤中，注入深度为 15 ～ 20cm，每孔注入量为 2 ～ 3mL。注入后，用脚踩实穴孔，并覆盖塑料布（图 32）。施药时，土温至少 5℃以上。

（4）覆膜熏蒸

施药后，应立即用塑料膜覆盖，膜周围用土盖上（图 33）。根据地温不同，覆盖时间也不一样。低温：5 ～ 15℃为 20 ～ 30 天；中温：15 ～ 25℃为 10 ～ 15 天；高温：25 ～ 30℃为 7 ～ 10 天。在施药前，首先让用药农户准备好农膜，边注药边盖膜，防止药

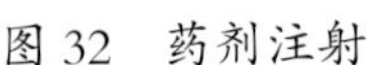

图 32 药剂注射

图 33 压实农膜

液挥发。用土压严四周，不能跑气漏气。农户要随时观察，发现漏气，及时补救，否则影响药效。

（三）蚯蚓堆肥

1. 什么是蚯蚓堆肥

有机肥废弃物堆置高温期过后，接种一定数量蚯蚓，通过蚯蚓活动，充分分解有机物质，同时增加堆肥的有效养分、微生物、有益物质等的含量，提高堆肥的品质，为土壤改良培肥提高优质的有机肥料。

2. 蚯蚓堆肥如何操作

（1）蚯蚓选种

使用赤子爱胜蚓作为蚯蚓堆肥的主推品种。赤子爱胜蚓一般体长 35 ～ 130mm，直径 3 ～ 5mm。

（2）蚯蚓扩繁

将蚯蚓种平铺，覆盖 20 ～ 30cm 厚的潮湿粪便和粉碎秸秆混合物，等到覆盖物表层变成颗粒状后，再添加粪便和秸秆混合物，通常 1 ～ 2 个月的时间 8 ～ 10m^2 的区域可扩繁蚯蚓 40 ～ 50kg。为了保障蚯蚓的正常生长，蚯蚓繁育区域，夏天要有遮阳、遮雨条件，并能定期补充水分，地表覆盖自然土体；冬季地表覆盖稻草，并加盖塑料以保持地温。北方如果室外温度在 8℃以下，还需在保护设施内进行扩繁。

（3）物料准备

将日常收集、种植园区拉秧后的植物残体集中堆放在物料间里，当累计到一定量的时候，利用粉碎机将植物残体粉碎至 5cm 以下的长度，并用塑料布覆盖防止随风吹走，并在堆肥前准备好粪便。

（4）堆置发酵

将粪便和粉碎植物残体混合一起发酵，将 1m^3 粪便和 2m^3 粉碎残体混合均匀，蚯蚓处理废弃物的碳氮比 25 ～ 35 最佳，喷洒一定水分保持湿润，含水量以手攥住混合物水分不下滴，且能成团为最佳，堆置地点适宜为长方体，长 20m，宽 2m，高 1m。夏季堆置 3 周，冬季堆置 2 个月。

（5）接种蚯蚓

在堆肥高温阶段（夏季堆肥 10 ～ 20 天，冬季 30 ～ 40 天后）过后，将蚯蚓均匀撒施在发酵后的混合物上层，堆置上方需要搭建简易遮阳避雨装置（遮阳网），混合物表面布置微喷装置，1m^3 混合物可接种 1.5 ～ 2.0kg 蚯蚓，pH 值维持在 7.0 左右最佳，温度控制在 20 ～ 25℃最佳，不易超过 30℃或者低于 0℃。

（6）蚓粪分离

蚯蚓年繁殖率可达数十倍，重量增加 100 倍以上，每天能消耗超过自身体重一半的有机废物。当堆置混合物高度明显下降后，且上部粪便呈现均匀颗粒状，表明处理接近尾声，此时可以将新鲜粪便堆在蚯蚓粪堆旁边，并覆盖黑色薄膜，使得蚓粪快速分离，分离的蚯蚓可以继续处理下一批次混合物。蚯蚓肥是质量优良的有机肥，是理想改土材料。

（四）"堆肥茶"施肥防病技术

"堆肥茶"是用堆制腐熟的有机肥，经过浸泡、通气发酵而制成的液体肥料。堆肥茶制作与使用方便，堆肥茶中的养分与微生物更容易被作物利用，堆肥茶兼具肥效和生防的双重作用，不仅可以改善植物营养成分，而且还能改善果蔬口感，并具有一定防病功效，与有机肥配合使用还能促进有机肥中养分利用。

1. "堆肥茶"的作用

"堆肥茶"作为一种肥料，在提供植物生长所必需的营养物质的同时还具有如下作用：一是富含营养物质和微生物，能促进有益微生物和昆虫的生长，活化土壤环境，消除长期施用化肥和农药对环境的不利影响；二是抑制病菌、有效地减少害虫，通过水分的渗透和二氧化碳的扩散改善土壤结构；三是有助于提高土壤的保水量，促进作物生长的激素的生成；四是通过促进有机物质转化为腐殖质，提高土壤有机质含量，改良土壤，减少土壤污染；五是对叶斑、卷尖、霉菌、霜霉、早期或晚期凋萎病、白粉病、害锈病等都有一定的防治效果，另外，对花叶病毒、细菌凋萎病、黑腐病等也有一定作用。

2. 堆肥茶的制作

（1）挑选优质堆肥

制作堆肥茶，必须要有活化的、充分腐熟的优质堆肥，即经过一段时间适当的高温发酵，使其中的杂草种子和病原微生物得到彻底杀灭，富含有益微生物、养分等有益作物生长的物质，腐熟好的堆肥散发出好闻的气味，蚯蚓堆肥就是制作堆肥茶的好材料。

（2）制作堆肥茶需要设备

可以向专门公司购买堆肥茶制作设备，如果没有专门设备，可以用一些日常生活用设备替代，这时需要一个大的塑料桶、一个气泵、几米长的通气管、一个通气头、一个能够调节气量的阀门，还需要用于搅拌的棍子，一些无硫的糖蜜，过滤堆肥茶的尼龙网，以及装堆肥茶和渣的备用桶。不能在无通气设备条件下制作堆肥茶，因为如果不连续通气，这些微生物很快就会耗尽氧气，该堆肥茶就开始变得黏稠并且厌氧菌增多，有厌氧菌的堆肥茶会损害作物。

（3）水的选择。用井水可以直接泡制，但是如果用城市自来水泡制，需要先将自来水在桶内通气 1 小时以除去水中的氯。

（4）制作过程

空桶中装少于半桶的堆肥，放水至大半桶（堆肥与水比例为 1∶10 左右），不加盖，利于通气。将通气头置于桶底部（埋于水底），将气阀门挂在桶边缘，开动泵（图 34）。检查通气，等运行正常后，加入少量无硫糖蜜。用木棍将水、堆肥和糖蜜充分搅拌均匀。每天搅拌几次。每次搅拌后检查冒气头是否居于桶底中央，保证整桶水处处有氧气供应。一般泡制 2 ～ 3 天后，堆肥茶就制作好了，除去通气设备。如果认为还要继续通气，可再添加适量糖蜜，否则没有足够养分会使处于活跃状态的有益细菌而进入休眠。静置 10 ～ 20 分钟后过滤，将滤液放入另外的桶或直接装入喷雾器。堆肥茶的滤渣富含有益细菌和真菌，可立刻放回原来或另外的堆肥中，也可立刻施入土壤。制作堆肥茶时，如果桶中有异味散发则意味着制得不好，应该加强通气和搅拌。应该注意：通气良好、泡制好的堆肥茶有一股甜香和泥土气味，不要施用气味不好的堆肥茶，它含有厌氧生物产生的低浓度乙醇，足以损伤植物根系；堆肥茶制作好后要在一小时内使用完，放置时间过长，由于缺氧，堆肥茶会变质。

图 34　堆肥茶制作设备示意图

3. 堆肥茶的施用

堆肥茶可以广泛用大田作物、蔬菜、花卉和果木，对农作物类型没有具体要求。施用堆肥茶需要根据植物的健康状况，来决定施用堆肥茶的次数和数量。一般春季施用一次之后，其他季节都无需再用了。另外，有益昆虫的存在数量是农作物健康生长的标志。喷洒堆肥茶后，有益昆虫能够帮助将肥茶中的有益微生物散布到整个菜园或果园，甚至能够在几个季节防止害虫的为害。如果农田中有益昆虫数量不够，可以至少一个月喷洒堆肥茶一次，或对菜园一月施两次。对植物在其长出第一片真叶时，喷洒堆肥茶的效果好。

施用方法可以选择叶面喷洒或灌根。叶面喷施可以选择傍晚进行，每亩喷 50L 堆肥茶溶液，雾化喷湿植物表面；如向堆肥茶中加入表面活性剂、黏着剂有利于提高喷施效果，喷后下雨要补喷一遍；灌根可通过人工或者滴灌设备滴到作物根部，每亩灌 150L，如果采用滴灌设备灌根，可以先灌少量水润洗管道，再向水中加过滤纯净的堆肥茶，灌完后再用水清洗滴灌管道。如果人工灌根，对堆肥茶的过滤不做严格要求，堆肥茶中的杂质能为作物提供更多养分与活性物质。

4. 堆肥茶施用的注意事项

（1）有效期短

制作好的成品尽可能在一小时内将它进行叶面喷施或灌根，否则没有足够的氧气和糖等养分，使有益细菌处于活跃状态而要进入休眠失去活力，三四个小时后肥效会大大降低，导致原料的浪费，增加费用。

（2）除氯

制作过程中，如用自来水一定要除氯，否则氯气能杀死水中的微生物，影响堆肥茶的效果。

（3）加强通气和搅拌

如果有异味散发则意味着效果不好，应该加强通气和搅拌。通气良好、泡制好的堆肥或堆肥茶有一股甜香和泥土气味。不要用气味不好的堆肥茶，它含有厌氧生物产生的低浓度乙醇，但足以损伤植物根系。

（五）种植绿肥

1. 京郊发展绿肥的意义

绿肥是最清洁的有机肥源，不含重金属、各种激素、病原菌等有害物质。种植绿肥不仅能较快地将有机质、矿物质返还给土壤，补充、平衡土壤营养，培育健康的土壤。而且，还能治理农田裸露，减少风沙扬尘，缓解大气污染，营造优美的田园景观。具有显著的经济、社会和生态效益。

图 35　果园二月兰优美景观

图 36　农田二月兰优美景观

图35、图36分别为果园与农田二月兰的优美景观。

2. 绿肥的种植与利用技术

应根据不同种植制度及利用方式选择绿肥品种。基本原则为耐寒、耐旱、耐阴、耐践踏、须根性、生态兼容性原则。适宜北京地区种植的绿肥品种有许多，豆科有白三叶、紫花苜蓿、沙达旺、草木犀、百脉根等；禾本科有鸭茅、无芒雀麦、草地早熟禾、黑麦草等；十字花科类有二月兰、冬油菜等。种植方式有单作、间种、套种、混种、插种或复种。条播、撒播均可，春季适宜条播，秋季适宜撒播。一般禾本科每亩用1.5～2.5kg，豆科绿肥0.5～1kg，十字花科绿肥1.5～2.0kg。

根据生长情况要及时刈割或翻压。种植当年最初几个月最好不割，待根扎稳、高约30cm的时候再开始刈割。刈割后草的高度为10cm左右，全年刈割3～5次。刈割下来的草用于地表覆盖或翻压入土。翻压：先将绿肥茎叶切成10～20cm长，撒在地面或施在沟里，随后翻耕入土壤中，一般入土10～20cm深，砂质土可深些，黏质土可浅些。一般亩翻压1 000～1 500kg鲜草为宜。

3. 绿肥二月兰栽培技术要点

一是抓好适期播种。9月上中旬足墒撒种，农田套种要在7—8月下雨前后足墒撒种，有利于保障出苗率及越冬成活率。

二是抓好冬前管理。一般正常播种的二月兰，在冬前肉质根能积累足够多的能量，均可以安全越冬；对于播种晚、苗弱的二月兰，可冬前灌防冻水保证安全越冬。

三是抓好春季返青，保障苗齐、苗壮。对于春季土壤特别干旱的地块，可浇一次返青水，促进返青成活。

四是抓好春季管理，保障较高生物量。二月兰返青后，一般均可正常生长。对于需要采食菜薹的地块可多浇水，促进菜薹鲜嫩，提高口感。

五是抓好适期翻压，保障不误下茬农时。绿肥翻压过早生物量不足，翻压过晚，植株木质程度高不易腐烂，影响下茬作物播种质量。二月兰最佳翻压期是4月底至5月初，此时正值盛花期，生物量最大。翻压时要掌握“一深二严三及时”的原则。

（六）玉米秸秆综合利用

1. 北方利用模式

玉米秸秆还田技术就是把玉米秸秆通过机械切碎或粉碎后，直接撒在地表或通过机械深翻或旋耕犁深旋把秸秆施入土壤的一种农业技术。目前玉米秸秆还田技术普遍被群众接受。玉米秸秆还田可以增加土壤肥力，改良土壤结构；明显提高农业生产效率，减轻劳动强度，节约劳动成本；减少环境污染，改善农田周围环境。

目前北方常用的模式为玉米秸秆机械粉碎还田腐熟技术，本技术模式适用于降雨量在300mm以上且有灌溉保证条件的地区。耕作方式可单作、连作或轮作，田间以机械化作业为主。

2. 技术要点

（1）秸秆处理

在玉米成熟后，采取联合收获机械收割的，一边收获玉米穗，一边将玉米秸秆粉碎，并覆盖地表；采用人工收割的，在摘穗、运穗出地后，用机械粉碎秸秆并均匀覆盖地表（图37)。秸秆粉碎长度应小于10cm，留茬高度小于5cm。在秸秆覆盖后，趁秸秆青绿（最适宜含水量30%以上），在雨后或空气湿度较大时，按每亩玉米秸秆施用秸秆腐熟剂量2～5kg，将腐熟剂和适量潮湿的细砂土混匀，再加5kg尿素混拌后，均匀地撒在秸秆上。

（2）深翻整地

在施用腐熟剂后，采取机械旋耕、翻耕作业，将粉碎玉米秸秆、尿素与表层土壤充分混合，及时耙实，以利保墒（图38)。为防止玉米病株被翻埋入土，在翻埋玉米秸秆前，及时进行杀菌处理。在秸秆翻入土壤后，需浇水调节土壤含水量，保持适宜的湿度，达到快速腐解的目的。

图37 收割玉米后将玉米秸秆进行粉碎小于10cm

图38 机械旋耕翻压，将秸秆、菌剂和土壤充分混匀

（3）注意事项

在玉米秸秆还田地块，早春地温低，出苗缓慢，易患丝黑穗病、黑粉病，可选用包衣种子或相关农药拌种处理。发现丝黑穗病和黑粉病植株要及时深埋病株。玉米螟发生较严重的秸秆，可用Bt200倍液处理秸秆。

（七）土壤次生盐渍化改良

1. 什么是设施土壤次生盐渍化？

设施（日光温室或冷棚）内部特殊的水分运动方式和集约化多肥栽培是造成土壤次生盐渍化的重要原因。养分投入量远远超过作物生长所需量，未被作物吸收利用的养分及大量肥料副成分残留于土壤中，随着水分蒸发在土壤表层汇聚，导致土壤发生次生盐渍化。

2. 如何判断设施土壤是否发生次生盐渍化？

可以观察土壤表面情况判断设施土壤是否发生盐渍化，土壤表面出现白斑、砖红色斑或紫红色斑，且土壤较板，严重出现死苗现象，即可确定土壤出现了次生盐渍化（图 39）。也可以通过测定土壤盐分含量或者电导率确定。

图 39　判断设施土壤是否发生次生盐渍化

3. 土壤发生次生盐渍化为什么会对设施生产有影响？

设施土壤次生盐渍化首先会发现土壤较硬，发板，不易耕作；其次，由于外界盐分浓度过高，造成作物在苗期不能很好地吸收水分和养分，移栽秧苗时缓苗慢，死苗率高，作物发育迟缓，易感病，进而导致产量下降，质量降低。

4. 设施土壤出现了次生盐渍化，如何进行防治？

（1）因地制宜选择适宜作物

如果设施年限时间较长，出现了白斑、砖红色斑或紫红色斑，且土壤较板，说明出现了次生盐渍化，此时可选择耐盐效果较好的作物，以缓解盐害对作物的影响，减少经济损失。待土壤盐分恢复至正常水平后，再继续栽种计划的作物。

表 13 为常见作物耐盐水平。

表 13 常见作物耐盐水平

耐盐水平	作物种类
耐盐	芦笋
中等耐盐	甜菜、西葫芦
较耐盐	西兰花、花菜、结球生菜、番茄、芹菜、茄子、甜椒、辣椒、黄瓜、甘蓝、白菜、蚕豆、土豆、甜瓜、南瓜、西瓜、萝卜、菠菜
不耐盐	菜豆、胡萝卜、洋葱、草莓

（2）合理施肥，选择适宜的肥料品种

①化肥

计算当季目标产量作物所需的总养分，令所投的肥料养分不超过作物吸收带走的养分，减少土壤中盈余的养分，避免这些盈余的养分以盐的形式存在于土壤中。因此，合理施肥是减缓、防治土壤次生盐渍化发生的最直接、最有效的措施。

化肥致盐能力：氯化铵（NH_4Cl）> 氯化钾（KCl）> 硝酸铵（NH_4NO_3）> 尿素 [$CO(NH_2)_2$] > 硫酸铵 [$(NH_4)_2SO_4$] > 硫酸钾（K_2SO_4），建议尽量不选用含氯离子的化肥。

②有机肥

对于 5 年以下新建设施菜田，以熟化土壤为主，可以选用禽类粪肥，如鸡鸭粪；5 年以上的老设施菜田，则尽量少用禽粪（如鸡鸭粪），选用畜粪（如牛猪粪），如仍选用禽粪，最好与畜粪搭配，并减少禽粪比例，最好选用秸秆类堆肥；种植或定植前 15 ～ 30 天施用有机肥，避开盐分高峰期，避免死苗；每茬每亩基施有机肥用量不应超过 $5m^3$ 或 2 000kg。

（3）注意作畦方式

京郊设施生产中常用作畦方式见图 40。

图 40（a）为瓦垄高畦，盐分集中分布在垄的顶部和顶部中轴沿线附近（黑色部分），作物定植应在垄两侧——低盐区域；图 40（b）为高平畦，盐分则集中在畦的中部（黑色部分），作物应定植在高平畦“两肩”的低盐区域。

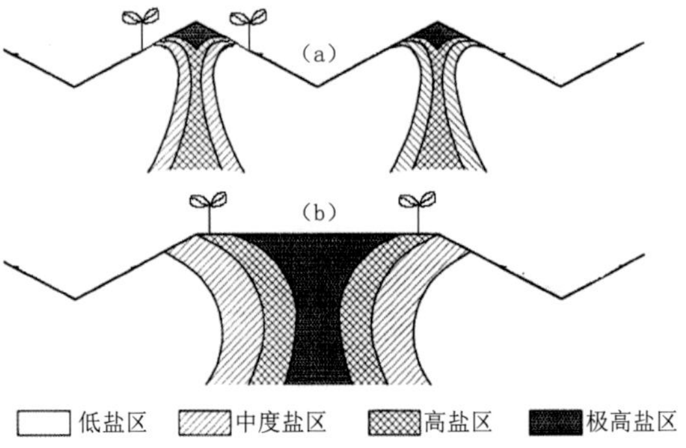

(a)
(b)
低盐区 中度盐区 高盐区 极高盐区

图 40 京郊设施生产中常用作畦方式

（4）采用地膜覆盖

生产中采用地膜覆盖可减少土壤表面水分蒸发，提高地温，防止土传病害的传播，也可降低土壤表土盐分。多余的水分凝结在地膜上形成水滴，在一定程度上洗刷表土（0～5cm）盐分，与未覆膜的土壤相比表土盐分可降低5%，对作物缓苗极为有利。

（5）使用土壤调理剂

选择市面上改良效果较好的土壤调理剂，按产品说明书使用。

（6）休闲期玉米除盐

夏季设施休闲时，种植能大量吸收盐分的（禾本科植物）植物，如盐蒿、苏丹草、玉米或一些绿肥作物，这些植物根系的吸收范围大，吸收能力强，能吸收利用投入到土壤上茬或间作的蔬菜栽培过程中存留的养分，特别是能利用深层土壤氮素，可以有效地降低土壤氮素淋洗的风险，除盐效果较为理想。下面以草莓种植为例，详细阐述改良措施如下。

① 上茬草莓拉秧后，揭开设施棚膜。

② 拉秧前灌水，便于清除病株残茬，尽量连根拔起。

③ 撤地膜，将草莓秧连同当季枯枝败叶一起收集清理出棚，草莓秧可作饲料或堆肥原料。

④ 破垄，或喷施防螨药。用耙将垄打破，并在土表面喷施炔螨特10mL，杀灭螨虫卵，防止玉米受螨虫为害。

⑤ 撒播玉米。亩播种玉米12kg，用农机深翻平整土地。仅在关键时期浇一次水，玉米生长30～45天。

⑥ 粉碎翻压玉米。用农机粉碎玉米秸秆，并将其翻压还田。

⑦ 撒施下茬底肥中的粪肥。

⑧ 撒施石灰氮。亩施40～50kg石灰氮。

⑨ 开沟。从棚内进水口开始，用四轮机连续开6条S形沟，沟深20cm。

⑩ 覆膜灌水。覆盖地膜，整棚灌水，亩用水量60m^3。

⑪ 闷棚30天。

⑫ 撤膜。土壤消毒结束后，撤掉地膜7天后可开始下茬作物生产。

（7）休闲期小菜除盐

部分农户希望在设施休闲期种植一茬作物，增加收入。建议种植一茬速生（生长期30～45天）的蔬菜作物，如樱桃小萝卜、小油菜、小白菜等。期间不施用任何肥料，而是充分利用上茬盈余的养分。采用该项技术，盐分降幅达20%左右，亩增收3 000余元。

十、主要作物施肥技术

作物高产、优质、高效目标的实现与土壤和肥料联系密切。作物生长发育所必需的17种营养元素，包括碳、氢、氧、氮、磷、钾、钙、镁、硫、铁、硼、锰、铜、锌、钼、氯和镍。在这17种营养元素中除了碳、氢、氧这3种之外，其他的作物必需的营养元素都是植物从土壤中吸收的。土壤是植物的“养分库”。但有些营养元素在土壤中的含量不能满足作物的生长需要，需要通过施肥大量补充。

在收获农产品时从土壤带走了大量养分，需要通过施肥补充这些养分。如果不补充或补充不足，土壤中的养分就会枯竭，就会限制作物生长，影响作物产量和品质。

测土配方施肥就是综合运用现代科学技术新成果，根据作物需肥规律、土壤供肥性能与肥料效应，产前制订作物的施肥方案和配套的农艺措施，获得高产高效，并维持土壤肥力，保护生态环境。

施肥方案包括使用肥料种类（有机肥和化肥）、各种肥料合理用量、肥料使用时期、底追肥分配比例、施肥方式（撒施、沟施、穴施）等。施肥方案要根据具体地块的土壤特性、所种植作物的需肥规律、所用肥料的特点有针对性地制订。

施肥量要根据目标产量和土壤肥力而定。目标产量高，施肥量就大一些；目标产量低，就降低施肥量。土壤肥力高，土壤供应的养分量就多一些，可以少施肥，充分利用土壤养分；土壤肥力低，就应该多施一些肥。

本章介绍了大兴区主栽作物的需肥规律和施肥技术，具体地块可以根据测土结果选择制订施肥方案。推荐的主要作物施肥量是中等肥力土壤、中等目标产量下的施肥量，种植户可以根据自家土壤肥力，调整作物的施肥量，做到科学合理施肥。

（一）冬小麦施肥

需肥特性：冬小麦起身至拔节是追肥关键期。苗期（出苗至返青）以营养生长为主，养分吸收力弱，分蘖期氮、磷、钾养分累计吸收量还不到吸收总量的10%，但孕穗期（返青至抽穗）营养生长与氮、磷、钾养分累积吸收量高达吸收总量的75%以上，是养分吸收高峰。这些养分一半左右来自于肥料，其中磷、钾主要靠基肥，氮肥则基、追肥并重，而且追肥以氮为主，因此，起身至拔节是氮肥追施的关键期。

分蘖期施肥受多种因素影响。小麦是单株分蘖作物，每亩有效穗数与亩产量密切相关，但分蘖期对氮肥敏感，过量施用容易造成无效分蘖增加和植株倒伏。小麦的长势和分蘖还与品种特性、播种量、播种质量、土壤肥力和墒情、气候条件等因素的影响有关。所以土壤肥力、墒情、苗情等具体情况，决定施氮量和施肥期。

平均每生产100kg小麦籽粒，从土壤中吸收纯氮3.0～3.5kg、五氧化二磷1.0～1.5kg，氧化钾 2.0 ～ 4.0kg，不同产量水平下冬小麦氮、磷、钾的吸收量见表 14。

表 14　不同产量水下冬小麦氮、磷、钾的吸收量

单位：kg/ 亩

产量水平	养分吸收量		
	N	P_2O_5	K_2O
300	8.3	3.2	8.1
400	11.1	4.3	10.8
500	13.8	5.3	13.5
600	17.7	6.3	17

施肥技术

常规施肥：有机肥可以在农家肥或商品有机肥中选择一种作为基肥，化肥分基肥和两次追肥施用，磷肥全部作基肥。常规施肥推荐量见表 15。

表 15　小麦常规施肥量

单位：kg/ 亩

肥料品种	基肥推荐方案					
	低肥力		中肥力		高肥力	
农家肥	2 000 ～ 2 500		1 500 ～ 2 000		1 000 ～ 1 500	
商品有机肥	300 ～ 350		250 ～ 300		200 ～ 250	
磷酸二铵	15 ～ 18		13 ～ 15		11 ～ 13	
尿素	7		6		5	
硫酸钾	5 ～ 6		4 ～ 5		4 ～ 5	
追肥方案						
施肥时期	低肥力		中肥力		高肥力	
	尿素	硫酸钾	尿素	硫酸钾	尿素	硫酸钾
返青期	8 ～ 13	5 ～ 6	6 ～ 11	4 ～ 6	6	5
拔节期	12 ～ 15	7 ～ 8	8 ～ 12	6	8	5

小麦配方肥施肥：在常规施用有机肥的基础上，底施专用配方肥（N：P_2O_5：K_2O 为 18：17：10）25：30kg/ 亩 , 在返青拔节期追施尿素 15 ～ 20kg/ 亩；扬花和灌浆期喷施浓度 0.3% 的尿素 +0.3% 的磷酸二氢钾。

（二）夏玉米施肥

需肥特性：一是夏玉米总需求量氮最多，钾次之，磷最少，一般每产 100kg 籽粒，需吸收纯氮 2.57 ～ 3.43kg、五氧化二磷 0.86 ～ 1.23kg，氧化钾 2.14 ～ 3.26kg，其比例为 1∶0.36∶0.95；二是夏玉米在不同的生育阶段，对氮、磷、钾的吸收量不同，不同产量水平下夏玉米氮、磷、钾的吸收量见表 16。对氮的吸收，苗期吸收量较少，占总氮量的 2.1%；拔节孕穗期吸收量占总氮量的 32.2%；抽穗开花期占总氮量的 19%；籽粒形成阶段，吸收量占总量的 46.7%；对磷的吸收，苗期吸收量占总量的 1.1%，拔节孕穗期吸收量占总量的 45.0%，抽穗受精和籽粒形成阶段，吸收量占总量的 53.9%；对钾的吸收，前期非常敏感，以后随着植株的生长发育迅速下降，但夏玉米对钾素的吸收量在拔节后又迅速上升，至开花期达到顶峰而吸收完毕。

表 16　不同产量水平下夏玉米氮、磷、钾的吸收量

单位：kg/ 亩

产量水平	养分吸收量		
	N	P_2O_5	K_2O
400	8.9	3.7	7.8
500	10.7	4.0	10.0
610	12.5	5.1	12.2
700	14.6	6.0	14.3

施肥技术

常规施肥：有机肥可以在农家肥或商品有机肥中选择一种作为基肥，化肥分基肥和两次追肥施用，磷肥全部作基肥。常规施肥推荐量见表 17。

表 17　夏玉米常规施肥量

单位：kg/ 亩

<table>
<tr><th rowspan="2">肥料品种</th><th colspan="6">基肥推荐方案</th></tr>
<tr><th colspan="2">低肥力</th><th colspan="2">中肥力</th><th colspan="2">高肥力</th></tr>
<tr><td>农家肥</td><td colspan="2">2 000 ～ 2 500</td><td colspan="2">1 500 ～ 2 000</td><td colspan="2">1 000 ～ 1 500</td></tr>
<tr><td>商品有机肥</td><td colspan="2">300 ～ 350</td><td colspan="2">250 ～ 300</td><td colspan="2">200 ～ 250</td></tr>
<tr><td>磷酸二铵</td><td colspan="2">11 ～ 13</td><td colspan="2">9 ～ 11</td><td colspan="2">9 ～ 11</td></tr>
<tr><td>尿素</td><td colspan="2">5 ～ 6</td><td colspan="2">4 ～ 5</td><td colspan="2">4 ～ 5</td></tr>
<tr><td>硫酸钾</td><td colspan="2">5 ～ 6</td><td colspan="2">5</td><td colspan="2">4 ～ 5</td></tr>
<tr><th colspan="7">追肥方案</th></tr>
<tr><th rowspan="2">施肥时期</th><th colspan="2">低肥力</th><th colspan="2">中肥力</th><th colspan="2">高肥力</th></tr>
<tr><th>尿素</th><th>硫酸钾</th><th>尿素</th><th>硫酸钾</th><th>尿素</th><th>硫酸钾</th></tr>
<tr><td>小喇叭口期</td><td>14 ～ 16</td><td>8</td><td>13 ～ 14</td><td>7 ～ 8</td><td>13 ～ 14</td><td>6 ～ 7</td></tr>
<tr><td>大喇叭口期</td><td>8 ～ 9</td><td>5 ～ 6</td><td>7 ～ 8</td><td>4 ～ 5</td><td>7 ～ 8</td><td>4</td></tr>
</table>

夏玉米配方肥施肥：在常规施用有机肥的基础上，底施专用配方肥（N ： P_2O_5 ： K_2O 为 20 ： 10 ： 15）25 ～ 30kg/ 亩，在小喇叭口期追施尿素 15 ～ 20kg/ 亩。

（三）甘薯施肥

需肥特性：甘薯从栽插成活后生长到收获，整个生长过程中吸收的氮、磷、钾在植株矮小时吸收量较小，以后随着植株的生长和薯块的逐渐膨大，吸收养分的速度加快，薯块膨大期是吸收营养物质最多的时期，也决定着结薯数量和最终产量，到了中后期，地上部茎叶生长由盛转向缓慢，叶面积开始下降，黄枯叶率增加，茎叶鲜重逐渐减轻，大量光合作用产物向地下输送，此时除需要一定量的氮、磷外，更需要大量的钾素。钾在生长盛期前吸收较少，茎叶生长盛期至回秧期吸收最多，氮在生长前期、中期、盛期吸收较快，吸收量大，回秧中后期吸收较慢，需求量少；对磷的需要前、中期较少，薯块迅速膨大期吸收量最多。

甘薯系块根作物，在生长发育过程中形成大量的碳水化合物（主要是淀粉）储藏于薯块中，因而所需的养分情况与一般禾谷作物有所不同。据研究，每生产 1 000kg 的薯块，至少从土壤中吸收氮（N）3.93kg、磷（P_2O_5）1.07kg、钾（K_2O）6.2kg。甘薯产量的提高与三要素的吸收量在一定程度上成正比，并与三要素的合理搭配有关。此外还与储藏土壤类型、肥料种类、气候条件以及甘薯品种对肥料的不同反应有直接关系。综合各地试验资料，亩产 3 500 ～ 5 000kg 甘薯，其施用氮（N）、磷（P_2O_5）、钾（K_2O）的比例为 1 ∶ 0.4 ∶（2.2 ～ 2.0）。一般施用钾肥应多，施用磷肥的多少，视各地土壤的含磷量有很大差别。在生产实践中要考虑当地土壤对三要素的供应能力，当地气候特点以及肥料利用率等因素的影响，不可能一成不变地套用某种比例。

施肥技术

常规施肥：有机肥可以在农家肥或商品有机肥中选择一种作为基肥，化肥分基肥和 1 次追肥施用，磷肥全部作基肥。常规施肥推荐量见表 18。

表 18 甘薯常规施肥量

单位：kg/ 亩

肥料品种	基肥推荐方案		
	低肥力	中肥力	高肥力
农家肥	3 000 ～ 3 500	2 500 ～ 3 000	2 300 ～ 2 500
商品有机肥	400 ～ 450	350 ～ 400	300 ～ 350
磷酸二铵	15 ～ 20	13 ～ 17	11 ～ 15
尿素	4 ～ 5	4 ～ 5	3 ～ 4
硫酸钾	6 ～ 7	5 ～ 7	5 ～ 6

追肥方案						
施肥时期	低肥力		中肥力		高肥力	
	尿素	硫酸钾	尿素	硫酸钾	尿素	硫酸钾
薯块膨大期	18 ～ 21	14 ～ 17	16 ～ 19	13 ～ 15	14 ～ 18	11 ～ 14

（四）大豆施肥

需肥特性：大豆根瘤菌的固氮作用是大豆根瘤菌与大豆共生过程中逐渐形成的，其对满足大豆旺盛生长中期的氮素营养有着重要作用。因此，大豆苗期合理施用氮肥对于提高根瘤菌固氮能力、促进大豆旺盛生长和夺取高产有着重要作用。当前大豆生产中存在偏施和多施尿素的问题，而大豆对于氮、磷、钾营养的需求是全面的，尤其在高产高效生产中，植株要为根瘤菌提供相关营养条件如磷、钾、钙、铁和钼等。大豆植株的氮营养水平不宜过高，因为氮水平过高势必消耗较多的碳水化合物，使根瘤数量减少、体积变小，固氮能力弱，还会抑制大豆根瘤菌的活性，减少主根上的有效根瘤。因此，在大豆生产中，氮肥的用量一般不超过纯氮 5kg/ 亩为宜，而且氮肥只作基肥施用即可。

大豆作为一种油料作物，属于喜磷作物，需要较多的磷素营养。充足的磷肥供应对于保证大豆正常生长、提高大豆产量有重要作用。因而大豆种植要施用足够多的磷肥。磷有促进根瘤发育的作用，能达到“以磷增氮”效果。磷在生育初期主要促进根系生长，在开花前磷促进茎叶分枝等营养体的生长。开花时磷充足供应，可缩短生殖器官的形成过程；磷不足，落花落荚显著增加。当土壤中磷的供应不足时，大豆根瘤虽然能侵入根中，但是不结瘤。钼肥是根瘤固氮必不可少的微量元素，在土壤缺磷的情况下，单施钼肥反而使根瘤减少。磷对根瘤中氨基酸的合成以及根瘤中可溶性氮向植株其他部分转移都有重要作用。钾也是大豆所需的主要营养元素之一，钾在土壤中的含量一般较高，但因农业生产过程中，往往存在重氮、磷而轻施钾的观念，钾肥的施用较少或不施用，造成钾素的相对缺少。特别是在高产栽培中更是表现出钾肥的不足。钾肥的施用对于提高作物抗逆性、防止作物早衰有重要作用。有机质含量低于 4% 的土壤，在施用一定氮肥、磷肥和有机肥的基础上，增施适量的钾肥，大豆产量有明显提高。不同目标产量下大豆氮、磷、钾的吸收量见表 19。大豆还吸收较多的钙、镁、硫及微量元素。大豆有根瘤菌可固氮，氮肥的一半由根瘤菌提供。

表 19　不同产量水平下大豆氮、磷、钾的吸收量

单位：kg/ 亩

产量水平	养分吸收量		
	N	P_2O_5	K_2O
150	10.8	2.4	4.8
200	14.4	3.4	7.0
250	19.0	4.6	9.5

施肥技术

常规施肥：有机肥可以在农家肥或商品有机肥中选择一种作为基肥，化肥分基肥和 1 次追肥施用，磷肥全部作基肥。常规施肥推荐量见表 20。

表 20 大豆常规施肥量

单位：kg/ 亩

肥料品种	基肥推荐方案					
	低肥力		中肥力		高肥力	
农家肥	2 000 ～ 2 500		1 500 ～ 2 000		1 000 ～ 1 500	
商品有机肥	300 ～ 350		250 ～ 300		200 ～ 250	
磷酸二铵	9 ～ 11		8 ～ 10		7 ～ 11	
尿素	4 ～ 6		4 ～ 6		4 ～ 6	
硫酸钾	7 ～ 8		6 ～ 7		5 ～ 6	
追肥方案						
施肥时期	低肥力		中肥力		高肥力	
	尿素	硫酸钾	尿素	硫酸钾	尿素	硫酸钾
开花期	6 ～ 7	7 ～ 8	5 ～ 6	6 ～ 7	4 ～ 6	5 ～ 6

（五）花生施肥

需肥特性：花生正常生长发育需氮、磷、钾、钙、镁、硫、锌、铜、铁、锰等多种元素，花生对需要量大的氮、磷、钾吸收量是 $N>K_2O>P_2O_5$，花生吸收氮、磷、钾的比例为 3 ：0.4 ：1。但花生靠根瘤菌供氮可达 70% ～ 80%，实际上要求施氮水平不高，突出花生嗜钾、钙的营养特性。

氮肥在苗期应供给充足，以促进幼苗生长。

磷肥能使花生种子早萌发，促进根系和根瘤的生长发育，增强幼苗抵抗低温和干旱能力，可以促进花生成熟，籽粒饱满，提高结荚率。

钾肥对茎蔓、果壳及果仁的生长有促进作用，在沙土地保肥较差的土壤，增施钾肥效果明显。

钙肥可使花生植株健壮、分枝增多、结果多、果实饱满、壳白皮薄、可增产达 30% 左右。

花生的吸肥能力很强，除根系外，果针、幼果和叶子也都直接吸收养分。花生各生长发育阶段需肥量不同。

苗期需要的养分数量较少，氮、磷、钾的吸收量仅占一生吸收总量的 5% ～ 10%，开花期吸收养分数量急剧增加，氮的吸收占花生一生吸收总量的 17%、磷占 22.6%、钾占 22.3%；结荚期是花生营养生长和生殖生长最旺盛的时期，有大批荚果形成，也是吸收养分最多的时期，氮的吸收占花生一生吸收总量的 42%、磷占 46%、钾占 60%；饱果成熟期吸收养分的能力渐渐减弱，氮的吸收占花生一生总量的 28%、磷占 22%、钾占 7%。

施肥技术

常规施肥：有机肥可以在农家肥或商品有机肥中选择一种作为基肥，化肥分基肥和 1 次追肥施用，磷肥全部作基肥。常规施肥推荐量见表 21。

表 21　花生常规施肥量

单位：kg/ 亩

肥料品种	基肥推荐方案					
	低肥力		中肥力		高肥力	
农家肥	2 000 ～ 2 500		1 500 ～ 2 000		1 000 ～ 1 500	
商品有机肥	300 ～ 350		250 ～ 300		200 ～ 250	
磷酸二铵	11 ～ 15		9 ～ 13		9 ～ 11	
尿素	4 ～ 6		4 ～ 6		4 ～ 6	
硫酸钾	7 ～ 8		7 ～ 8		6 ～ 7	
追肥方案						
施肥时期	低肥力		中肥力		高肥力	
	尿素	硫酸钾	尿素	硫酸钾	尿素	硫酸钾
开花期	10 ～ 12	7 ～ 8	8 ～ 11	7 ～ 8	7 ～ 10	6 ～ 7

（六）葡萄施肥

需肥特性：葡萄是落叶的多年生攀缘植物。葡萄根系发达，主要分布在 40 ～ 60cm 深的土层。葡萄对土壤适应性很强，但以砂壤土最为适宜。

葡萄在生长发育过程中，需要氮、磷、钾、钙、硼、镁、铁、锌等多种元素。一般认为每生产 1 000kg 葡萄果实需要吸收氮（N）3.8kg，磷（P_2O_5）2.0 ～ 2.5kg，钾（K_2O）4.0 ～ 5.0kg，氮、磷、钾的吸收比例为 1∶0.6∶1.2。可见葡萄是一种喜钾的浆果。葡萄生长前期需要较多的氮，生长后期需要较多的磷和钾。氮能够促进枝蔓生长。叶色增绿，果实膨大，花芽分化。对提高产量有重要作用。需氮量最大时期是从萌芽展叶至开花期前后直至幼果膨大期。氮肥不足时，植株枝蔓细弱，叶色变淡，果实发育不良，产量下降；氮肥过多时，枝蔓徒长，果实着色差，香味不浓，枝条成熟晚，抗寒力降低。磷对葡萄开花、受精和坐果起着重要作用，施磷对促进浆果成熟、提高果实品质有明显效果，施磷还有助于枝蔓充实和提高葡萄的抗寒力。缺磷时，易落花，果实发育不良，产量低，抗寒力差。需磷量最大时期是幼果膨大期至浆果着色成熟期。磷的吸收量是缓慢增加的。磷在葡萄内是一种可以再利用的元素，因此，葡萄吸收磷的时期越早，对葡萄生长所发挥的作用越大。钾能够促进根系生长和枝条充实，提高和增加浆果的含糖量、风味、色泽、成熟度和耐储性。缺钙时，叶色淡，叶缘枯焦，浆果含糖低，着色不良，枝条不充实，抗逆性低。需钾量最大是幼果膨大期至浆果着色成熟期，且在整个生长期内都吸收钾，随着浆果膨大、着色直至成熟，对钾的吸收量明显增加，因此在整个果实膨大期应增施钾肥。

施肥技术

常规施肥：有机肥可以在农家肥或商品有机肥中选择一种作为基肥，化肥分基肥和两次追肥施用，磷肥全部作基肥。常规施肥推荐量见表 22。

表 22　葡萄常规施肥量

单位：kg/ 亩

肥料品种	基肥推荐方案					
	低肥力		中肥力		高肥力	
农家肥	3 500 ～ 4 000		3 000 ～ 3 500		2 500 ～ 3 000	
商品有机肥	450 ～ 500		400 ～ 450		350 ～ 400	
磷酸二铵	17 ～ 20		15 ～ 17		13 ～ 17	
尿素	6 ～ 7		6		5 ～ 6	
硫酸钾	6 ～ 7		5 ～ 6		4 ～ 5	
追肥方案						
施肥时期	低肥力		中肥力		高肥力	
	尿素	硫酸钾	尿素	硫酸钾	尿素	硫酸钾
开花期	14 ～ 16	8 ～ 9	13 ～ 14	7 ～ 8	11 ～ 13	6 ～ 8
幼果膨大期	11 ～ 13	6	10 ～ 11	4 ～ 6	9 ～ 10	4 ～ 5

葡萄配方肥施肥：果实收获后，10 月中下旬施底肥，采用沟施方法，在常规施用有机肥的基础上，底施专用肥（N ∶ P_2O_5 ∶ K_2O 为 20 ∶ 15 ∶ 10）30 ～ 35kg/ 亩，6 月中旬果实膨大期追施一次专用肥（N ∶ P_2O_5 ∶ K_2O 为 18 ∶ 5 ∶ 22）30 ～ 35kg/ 亩；

8 月中旬根据果实发育情况施肥，若发育不正常，适当追施专用肥（N ：P_2O_5 ：K_2O 为 18 ：5 ：22）15 ～ 20kg/ 亩；在花前喷施浓度 0.3% 的硼肥 1 次，可提高坐果率，幼果期在套袋前连续喷 3 ～ 4 次 0.3% 的钙肥和含氨基酸类的多元素微肥，可显著提高产量，改善品质。

（七）苹果施肥

需肥特性：苹果树是蔷薇科木本植物。苹果树对土壤适应范围广，但适宜地势平坦、土层深厚、排水良好、富含有机质的砂壤土和壤土。苹果树的根系比较发达且根系多集中在 20cm 以下，可吸收深层土壤中的水分和养分。需注意深层土壤的改良与培肥。

一般认为每生产 1 000kg 果实吸收氮（N）3.0 ～ 3.4kg, 磷（P_2O_5）0.8 ～ 1.1kg，钾（K_2O)2.1 ～ 3.2kg。苹果树对养分的需求主要是氮和钾，在保证氮肥用量的基础上，增加磷、钾肥，尤其是钾肥，可以提高果品质量。苹果树的需肥动态是前期以氮为主，中后期以磷、钾为主，对磷的吸收全年比较平稳，因此，前期以施氮肥为主，中后期以施钾肥为主。磷肥随基肥施入，以保证磷的全年供应。氮是苹果树需要量较大的营养元素之一。在一定范围内适当多施氮肥，有增加枝叶数量、增强树势和提高产量的作用。但若施用氮肥过多，则会引起树梢徒长，不仅引起坐果率下降，产量降低，而且苹果的品质及耐储性均下降，也容易导致苦痘病等生理病害的发生。磷、钾也是苹果树需要量较大的营养元素，磷能促进根系的生长发育，磷还能促进花芽分化增加坐果，增进果实着色、含糖量、硬度和耐储性，增强果树抗逆性。钾能促进光合作用、促进新梢成熟，提高抗寒、抗旱、抗高温和抗病能力。钾在果实中含量最多，施钾能肥大果实、促进成熟、提高含糖量、增进色泽，有利于提高苹果品质。苹果树除需大量元素外还需要中、微量元素。合理施用钙、硼、锌、铁等中、微量元素肥料对苹果树有重要作用。苹果缺钙容易发生苦痘病，生长期喷施氯化钙水溶液或硝酸钙水溶液有防治效果。施硼能提高苹果树的坐果率和产量，对防治苹果缩果病效果十分显著。缺锌的典型症状是叶细小、花芽减少、花朵少而色淡、不易坐果、老树根系有腐烂、树冠稀疏不能扩展，叶面喷施 1% 硫酸锌溶液对矫治苹果的小叶病效果显著。用硫酸亚铁与尿素的混合液喷施对于苹果树缺铁失绿黄化有一定效果。

施肥技术

常规施肥：有机肥可以在农家肥或商品有机肥中选择一种作为基肥，化肥分基肥和两次追肥施用，磷肥全部作基肥。常规施肥推荐量见表 23。

表 23　苹果常规施肥量

单位：kg/ 亩

肥料品种	基肥推荐方案		
	低肥力	中肥力	高肥力
农家肥	3 500 ～ 4 000	3 000 ～ 3 500	2 500 ～ 3 000
商品有机肥	450 ～ 500	400 ～ 450	350 ～ 400
磷酸二铵	15 ～ 20	13 ～ 17	13 ～ 15
尿素	6 ～ 7	6	6
硫酸钾	5 ～ 7	5 ～ 6	4 ～ 5

追肥方案						
施肥时期	低肥力		中肥力		高肥力	
	尿素	硫酸钾	尿素	硫酸钾	尿素	硫酸钾
萌芽期	14 ～ 15	8 ～ 9	14	7 ～ 8	13 ～ 14	6 ～ 8
幼果膨大期	11 ～ 12	5 ～ 6	11	4 ～ 6	10 ～ 11	4 ～ 5

苹果配方肥施肥：果实收获后 10 月中下旬施底肥，采用沟施方法，在常规施用有机肥的基础上，底施专用肥（N ：P_2O_5 ：K_2O 为 20 ：15 ：10）40 ～ 45kg/ 亩，普钙 15 ～ 20kg/ 亩；旺树春季可不施肥，弱树 3 月中旬萌芽前追肥（N ：P_2O_5 ：K_2O 为 20 ：15 ：10）20 ～ 25kg/ 亩，6 月中旬果实膨大期追施一次专用肥（N ：P_2O_5 ：K_2O 为 18 ：5 ：22）40 ～ 45kg/ 亩，补充农用硝酸钙 10kg/ 亩，8 月中旬根据果实个头大小施肥，若发育不正常，适当追施专用肥（N ：P_2O_5 ：K_2O 为 18 ：5 ：22）20 ～ 25kg/ 亩；在初花期连续喷施浓度 0.3% 的硼肥 2 次，可提高坐果率，幼果期在套袋前连续喷 3 ～ 4 次 0.3% 的钙肥和含氨基酸类的多元素微肥，可预防苦痘病的发生。

（八）桃树施肥

需肥特性：桃树是蔷薇科落叶小乔木。桃树对土壤的适应能力很强，一般土壤都能栽种。桃树的根系较浅，要求土壤应有较好的通透性，因此，施肥与改土相结合对桃树优质高产非常重要。

桃树果实肥大，枝叶繁茂，生长迅速，对营养需求量高。一般认为每 1 000kg 果实需要氮（N）5.1kg、磷（P_2O_5）2.0kg、钾（K_2O）6.6kg。在桃树的生长周明中，对氮、磷、钾的吸收动态，一般是从 6 月上旬开始增强，随着果实的生长，养分吸收量不断增加，到了 7 月上旬果实膨大期养分吸收量急剧上升，尤其是钾的吸收量增加更为明显，到第二年

7月中旬三元素的吸收量达到高峰，到采收前稍有下降。桃树需钾较多，尤其是果实的吸收量最大，其次是叶片，因而满足钾素的需求，是桃树优质丰产的关键。桃树需氮量较高，并反应敏感，以叶片吸收量最大，占比接近总量的一半，供应充足的氮素是保证丰产的基础。磷的吸收量也较高，与氮吸收量之比为5 ∶ 2，叶片与果实吸收磷素较多。桃树是对中、微量元素比较敏感的树种，供应不足时会出现缺素症。桃树对缺钙很敏感，桃树吸收最多的元素是钙，其中叶片需求量最多，其次是新梢和树干，再次为果实，因此，要注意钙的供应。桃树对铁敏感，桃树缺铁症又称黄叶病、白叶病、褪绿病等。缺铁症状多从新梢顶端的幼嫩叶开始表现，开始叶肉先变黄，而叶脉两侧仍保持绿色，致使叶面呈绿色网纹状失绿。随病势发展，叶片失绿程度加重，出现整叶变为白色，叶缘枯焦，引起落叶。严重缺铁时，新梢顶端枯死。

施肥技术

常规施肥：有机肥可以在农家肥或商品有机肥中选择一种作为基肥，化肥分基肥和两次追肥施用，磷肥全部作基肥。常规施肥推荐量见表24。

表24　桃树常规施肥量

单位：kg/亩

肥料品种	基肥推荐方案		
	低肥力	中肥力	高肥力
农家肥	3 500 ～ 4 000	3 000 ～ 3 500	2 500 ～ 3 000
商品有机肥	450 ～ 500	400 ～ 450	350 ～ 400
磷酸二铵	15 ～ 20	13 ～ 17	13 ～ 15
尿素	6	6	5 ～ 6
硫酸钾	5 ～ 6	5	4 ～ 5

追肥方案						
施肥时期	低肥力		中肥力		高肥力	
	尿素	硫酸钾	尿素	硫酸钾	尿素	硫酸钾
萌芽期	13 ～ 14	8	13 ～ 14	7 ～ 8	11 ～ 13	6 ～ 7
硬核期	10 ～ 11	5 ～ 6	10 ～ 11	4 ～ 5	9 ～ 10	4

桃树配方肥施肥：果实收获后9月中下旬施底肥，采用沟施方法，在常规施用有机肥的基础上，亩底施专用肥（N：P_2O_5：K_2O 为 20：15：10）35 ～ 40kg，6月中旬果实膨大期亩追施一次专用肥（N：P_2O_5：K_2O 为 18：5：22）30 ～ 35kg；第二年7月中下旬根据果实个头大小施肥，若发育不正常，适当亩追施专用肥（N：P_2O_5：K_2O 为 18：5：22）15 ～ 20kg；在初花期连续喷施浓度 0.3% 的硼肥 2 次，可提高坐果率，幼果期连续喷 3 ～ 4 次 0.3% 的钙肥和含氨基酸类的多元素微肥，可显著提高产量，改善品质。

（九）梨树施肥

需肥特性：梨树是多年生木本果树。梨树对土壤要求不太严格。无论是黏土、砂土或是一定程度的盐碱、砂性土壤，都有较强的耐适力，但仍以土壤疏松、土层深厚、地下水位较低、排水良好的砂质壤土结果质量最好。

梨树需肥量大，一般认为，每生产 1 000kg 果实需要氮（N）4.0kg、磷（P_2O_5）2.0kg、钾（K_2O）4.0kg，对氮、磷、钾的吸收比例为 2：1：2。不同树龄的梨树需肥规律不同。幼年梨树需要的氮和磷较多，特别是磷素，其对植物根系的生长发育具有良好的作用。成年果树对营养的需求主要是氮和钾，特别是由于果实的采收带走了大量的氮、钾和磷等许多营养元素，若不能及时补充则严重影响梨树来年的生长及产量。梨树对各种元素的需要量依据发育阶段的不同而不同。在一年中需氮有两个高峰期，第一次高峰期在5月，吸收量可达 80%，由于此期是枝、叶、根生长的旺盛期，需要的营养多，第二次小高峰在7月，比第一次吸收的量小，此期是果实的迅速膨大期和花芽分化期，需养分亦多。磷在全年只在5月有个小高峰，由于此期是种子发育和枝条木质化阶段，需磷素较多。需钾也有两个高峰期，时期与氮相同，由于第二次高峰期正值果实迅速膨大和糖分转化，需钾量较多，所以差幅没有氮大，只比第一次略小。而且梨树需钾量大，梨树对钾的需要量与氮相等，钾不足，酶的活性减弱，老叶叶缘及叶尖变黑而枯焦，降低光合能力，影响果实品质。梨树对钙、镁需要量也大，对钙的需要量接近氮，钙不足，影响氮的新陈代谢和营养物质的运输，使根系生长不良，新梢嫩叶上形成褪绿斑，叶尖和叶缘向下卷曲，果实顶端黑腐。缺镁，老叶叶缘及叶脉间部分黄化，与叶脉周围的绿色成鲜明对比。因此，施肥时要注意增施钾肥和钙肥及镁肥。

施肥技术

常规施肥：有机肥可以在农家肥或商品有机肥中选择一种作为基肥，化肥分基肥和两次追肥施用，磷肥全部作基肥。常规施肥推荐量见表 25。

表 25　梨树常规施肥量

单位：kg/ 亩

肥料品种	基肥推荐方案		
	低肥力	中肥力	高肥力
农家肥	3 500 ～ 4 000	3 000 ～ 3 500	2 500 ～ 3 000
商品有机肥	450 ～ 500	400 ～ 450	350 ～ 400
磷酸二铵	15 ～ 20	13 ～ 17	13 ～ 15
尿素	5 ～ 6	5	5
硫酸钾	5 ～ 7	5 ～ 6	4 ～ 5

追肥方案						
施肥时期	低肥力		中肥力		高肥力	
	尿素	硫酸钾	尿素	硫酸钾	尿素	硫酸钾
萌芽期	14	8 ～ 9	13 ～ 14	7 ～ 8	13 ～ 14	6 ～ 8
果实膨大期	11	5 ～ 6	10 ～ 11	4 ～ 6	10 ～ 11	4 ～ 5

梨树配方肥施肥：果实收获后秋季施底肥，采用沟施方法，在常规施用有机肥的基础上，底施专用肥（N：P_2O_5：K_2O 为 20：15：10）35 ～ 40kg/ 亩，第二年 6 月中旬果实膨大期追施一次专用肥（N：P_2O_5：K_2O 为 18：5：22）30 ～ 35kg/ 亩，7 月中下旬根据果实个头大小施肥，若发育不正常，适当追施专用肥（N：P_2O_5：K_2O 为 18：5：22）15 ～ 20kg/ 亩；在初花期连续喷施浓度 0.3% 的硼肥 2 次，可提高坐果率，幼果期连续喷 3 ～ 4 次 0.3% 的钙肥和含氨基酸类的多元素微肥，可显著提高产量，改善品质。

（十）桑葚树施肥

需肥特性：桑葚为桑科落叶乔木，喜光，对气候、土壤适应性都很强。耐寒、耐旱、耐水湿，也可在温暖湿润的环境生长。桑葚树喜深厚疏松肥沃的土壤，具有生长周期长，绿叶繁茂，生长量大，根系发达，吸肥能力强，地力消耗大的特点。一年除了分为 4 个主要生长时期，即“发芽期、旺长期、缓慢生长期、休眠期”外，还具有两个明显的生长高峰，即“春发期”和“夏盛秋旺期”。发芽脱苞后 40 天达到春发期生长高峰，夏伐后 7 ～ 10 天发芽并产生新根，芽、叶、枝迅速生长，达到夏盛期，旺期生长高峰，持续 70 ～ 80 天后转入缓慢生长期，最后到休眠期。在各生长高峰期，供肥一定要及时、充足。桑葚树除氮、磷、钾三要素外，还要施钙、镁、硫，还较易缺铁、锌、硼、锰。春发期生长量大，但生长周期短，约占全年总生长量的 1/3，春肥占全年施肥量的 20% ～ 30%。夏秋肥应占全年施肥量的 50% ～ 60%。冬季生长量小，冬肥占全年施肥量 10% ～ 30%。

一般来讲每生产 100kg 果实需要氮（N）1.0kg、磷（P_2O_5）0.3kg、钾（K_2O）1.0kg，而每年实际的施肥量要根据具体的树龄、肥料种类以及土壤肥力而定。

桑葚树施肥要坚持以根施为主，根外追肥为辅，以有机肥、氮肥为主，结合磷、钾肥，配中微量元素的原则。另外，7 月、8 月、9 月是桑葚树的第 2 个生长高峰期，占生长量的 80%，这个时期要特别注意保证氮、磷、钾主要元素和钙等中微量元素的施用量。

施肥技术

常规施肥：有机肥可以在农家肥或商品有机肥中选择一种作为基肥，化肥分基肥和两次追肥施用，磷肥全部作基肥。常规施肥推荐量见表 26。

表 26　桑葚树常规施肥量

单位：kg/ 亩

肥料品种	基肥推荐方案					
	低肥力		中肥力		高肥力	
农家肥	3 500 ～ 4 000		2 500 ～ 3 000		1 500 ～ 2 000	
商品有机肥	450 ～ 500		350 ～ 400		300 ～ 350	
磷酸二铵	13 ～ 16		11 ～ 15		11 ～ 15	
尿素	5 ～ 6		5		4 ～ 5	
硫酸钾	5 ～ 6		4 ～ 5		4 ～ 5	
追肥方案						
施肥时期	低肥力		中肥力		高肥力	
	尿素	硫酸钾	尿素	硫酸钾	尿素	硫酸钾
开花结果期	11 ～ 13	7 ～ 8	11 ～ 12	6 ～ 8	10 ～ 11	5 ～ 7
果实膨大期	9 ～ 10	4 ～ 6	8 ～ 9	4 ～ 5	8 ～ 9	4 ～ 5

桑葚树配方肥施肥：果实收获后秋季或初冬季施底肥，采用沟施方法，在常规施用有机肥的基础上，底施专用肥（N：P_2O_5：K_2O 为 20：15：10）30 ～ 35kg/ 亩，第二年 4 月初开花期追施一次专用肥（N：P_2O_5：K_2O 为 18：5：22）20 ～ 25kg/ 亩，4 月底 5 月初果实膨大期追施一次专用肥（N：P_2O_5：K_2O 为 18：5：22）25 ～ 30kg/ 亩，在初花期连续喷施浓度 0.3% 的硼肥 1 次，可提高坐果率，幼果期连续喷 2 ～ 3 次含氨基酸类的多元素微肥，可显著提高产量，改善品质。

（十一）番茄施肥

需肥特性：番茄产量高，需肥量大，耐肥能力强，番茄生长发育不仅需要氮、磷、钾大量元素，还需要钙、镁等中微量元素，番茄对钾、钙、镁的需要量较大。春茬番茄养分吸收主要在中后期，而秋茬番茄集中在前中期。番茄在不同生育时期对养分的吸收量不同，其吸收量随着植株的生长发育而增加。番茄在幼苗期以氮营养为主，在第一穗果开始结果时，对氮、磷、钾的吸收量迅速增加，氮在三要素中占 50%，而钾只占 32%；到结果盛期和开始收获时，氮只占 36%，而钾已占 50%。番茄从坐果开始需钾一直直线上升，果实膨大期吸钾量约占全生育期吸钾量的 70% 以上，直到采收后期对钾的吸收量才稍有减少。结果期磷的吸收量约占 15%。番茄生育期如氮肥用量过多，不但易使植株徒长和落花，而且会影响植株根系对钙的吸收引起脐腐病等病害，并发生很多生理障碍。

施肥技术

常规施肥：有机肥可以在农家肥或商品有机肥中选择一种作为基肥，化肥分基肥和 3 次追肥施用，磷肥全部作基肥。常规施肥推荐量见表 27。

表 27　番茄常规施肥量

单位：kg/ 亩

肥料品种	基肥推荐方案					
	低肥力		中肥力		高肥力	
农家肥	4 000 ～ 4 500		3 500 ～ 4 000		2 000 ～ 3 000	
商品有机肥	2 500 ～ 3 000		2 000 ～ 2 500		1 500 ～ 2 000	
磷酸二铵	20 ～ 25		17 ～ 21		13 ～ 15	
尿素	5 ～ 8		5 ～ 6		5	
硫酸钾	8 ～ 13		7 ～ 11		5 ～ 8	
追肥方案						
施肥时期	低肥力		中肥力		高肥力	
	尿素	硫酸钾	尿素	硫酸钾	尿素	硫酸钾
一穗果膨大期	8 ～ 13	5 ～ 6	6 ～ 11	4 ～ 6	6	5
二穗果膨大期	12 ～ 15	7 ～ 8	8 ～ 12	6	8	5
三穗果膨大期	8 ～ 13	5 ～ 6	6 ～ 11	4 ～ 6	6	5

配方肥施肥：在常规施用有机肥的基础上，专用配方肥（N：P_2O_5：K_2O 为 18：9：18）按照低、中、高肥力亩施用量分别为 40kg、30kg、25kg，第一次追肥在一穗果膨大期亩施专用冲施肥（N：P_2O_5：K_2O 为 18：4：22）10kg，第二次追肥在二穗果膨大期亩施专用冲施肥（N：P_2O_5：K_2O 为 18：4：22）15kg，硝酸钙 10 ～ 12kg，第三次追肥在三穗果膨大

期亩施专用冲施肥（N : P_2O_5 : K_2O 为 18 : 4 : 22)10kg,第四穗果需补充硝酸钙 8 ～ 10kg/ 亩。

（十二）黄瓜施肥

需肥特性：黄瓜生长快、结果多、喜肥，根系耐肥力弱，对土壤营养条件要求比较严格。黄瓜表层土壤空气充足，有利于根系有氧呼吸，促进根系生长发育和对氮、磷、钾等矿质养分的吸收，因此，黄瓜定植时宜浅栽，切勿深栽。农谚黄瓜露坨，茄子没脖，且定植后勤中耕松土，促进根系生长是有科学依据的。据测定，每生产 1 000kg 黄瓜需从土壤中吸收 N1.9 ～ 2.7kg、$P_2O_5$0.8 ～ 0.9kg、K_2O3.5 ～ 4.0kg。三者比例为 1 : 0.4 : 1.6。黄瓜全生育期需钾最多，其次是氮，再次为磷。黄瓜定植后 30 天内吸氮量呈直线上升趋势，到生长中期吸氮最多。进入生殖生长期，对磷的需要量剧增，而对氮的需要量略减。黄瓜全生育期都吸收钾。

施肥技术

常规施肥：有机肥作为基肥，化肥分基肥和追肥施用，磷肥全部作基肥。常规施肥推荐量见表 28。

表 28　黄瓜常规施肥量

单位：kg/ 亩

肥料品种	基肥推荐方案					
	低肥力		中肥力		高肥力	
农家肥	4 000 ～ 4 500		3 500 ～ 4 000		2 000 ～ 3 000	
商品有机肥	2 500 ～ 3 000		2 000 ～ 2 500		1 500 ～ 2 000	
磷酸二铵	15 ～ 20		12 ～ 17		11 ～ 15	
尿素	5 ～ 8		5 ～ 6		5	
硫酸钾	10 ～ 15		8 ～ 13		10	
追肥方案						
施肥时期	低肥力		中肥力		高肥力	
	尿素	硫酸钾	尿素	硫酸钾	尿素	硫酸钾
根瓜膨大期	10	8	6 ～ 8	6	5	5
每 6 ～ 7 日用量	8	5	8	5	6	5

配方肥施肥：在常规施用有机肥的基础上，专用配方肥（N : P_2O_5 : K_2O 为 18 : 9 : 18）按照低、中、高肥力亩施用量分别为 30kg、35kg、20kg，第一次追肥在根瓜膨大期亩施专用冲施肥（N : P_2O_5 : K_2O 为 18 : 4 : 22）15kg，第二次追肥在根瓜收获期亩施专用冲施肥

（18∶4∶22）15kg、硝酸钙 8 ～ 10kg。以后每 6 ～ 7 天亩追专用冲施肥（N∶P_2O_5∶K_2O 为 18∶4∶22）5 ～ 8kg。

（十三）茄子施肥

需肥特性：茄子是喜肥作物，土壤状况和施肥水平对茄子的坐果率和产量影响较大。在营养条件好时，落花少，营养不良会使短柱花增加，花器发育不良，不易坐果。此外，营养状况还影响开花的位置，营养充足时，开花部位的枝条可展开 4 ～ 5 片叶，营养不良时，展开的叶片很少，落花增多。茄子对氮、磷、钾的吸收量，随着生育期的延长而增加。苗期氮、磷、钾的吸收量分别占其吸收总量的 0.05%、0.07%、0.09%。开花初期吸收量逐渐增加，到盛果期至末果期养分的吸收量约占全期的 90% 以上，其中盛果期占 2/3 左右。各生育期对养分的要求不同，生育初期的肥料主要是促进植株的营养生长，随着生育期的进展，养分向花和果实的输送量增加。在盛花期，氮和钾的吸收量显著增加，这个时期如果氮素不足，花发育不良，短柱花增多，产量降低。

施肥技术

常规施肥：有机肥可以在农家肥或商品有机肥中选择一种作为基肥，化肥分基肥和 3 次追肥施用，磷肥全部作基肥。常规施肥推荐量见表 29。

表 29　茄子常规施肥量

单位：kg/ 亩

肥料品种	基肥推荐方案		
	低肥力	中肥力	高肥力
农家肥	4 000 ～ 4 500	3 500 ～ 4 000	2 000 ～ 3 000
商品有机肥	2 500 ～ 3 000	2 000 ～ 2 500	1 500 ～ 2 000
磷酸二铵	15 ～ 20	13 ～ 18	13
尿素	5 ～ 6	5 ～ 6	5
硫酸钾	8 ～ 10	7 ～ 9	6

追肥方案						
施肥时期	低肥力		中肥力		高肥力	
	尿素	硫酸钾	尿素	硫酸钾	尿素	硫酸钾
门茄膨大期	8 ～ 10	5 ～ 6	7 ～ 9	4 ～ 5	6	4 ～ 5
对茄收获期	12 ～ 15	7 ～ 8	8 ～ 12	6	8	5
四母斗膨大期	8 ～ 10	5 ～ 6	7 ～ 9	4 ～ 5	6	4 ～ 5

配方肥施肥：在常规施用有机肥的基础上，专用配方肥（N：P_2O_5：K_2O 为 18：9：18）按照低、中、高肥力亩施用量 40kg、35kg、30kg，第一次追肥在门茄膨大期亩施专用冲施肥（N：P_2O_5：K_2O 为 18：4：22）15kg，第二次追肥在对茄收获期亩施专用冲施肥（N：P_2O_5：K_2O 为 18：4：22）20kg、硝酸钙 10 ～ 12kg，第三次追肥在四母斗膨大期亩施专用冲施肥（N：P_2O_5：K_2O 为 18：4：22）15kg。

（十四）甜/辣椒施肥

需肥特性：甜（辣）椒是一年生草本植物。甜椒对土壤有较强的适应性，以疏松、保水、保肥、肥沃、中性至微酸性土壤为宜。甜椒生育周期包括发芽期、幼苗期、开花结果期。甜椒幼苗期对养分的吸收量少，主要集中在结果期，此时吸收养分量最多。甜椒在各生育时期吸收营养元素的数量不同，对氮的吸收随生育进展稳步增加，果实产量增加，吸收量增加，对磷的吸收虽然随生育进展而增加，但吸收量变化的幅度较小，对钾的吸收在生育初期较少，从果实采收初期开始，吸收量明显增加，一直持续到结束。钙的吸收也随生育期的进展而增加，若在果实发育期供钙不足，易出现脐腐病。

施肥技术

常规施肥：有机肥可以在农家肥或商品有机肥中选择一种作为基肥，化肥分基肥和 3 次追肥施用，磷肥全部作基肥。常规施肥推荐量见表 30。

表 30　甜辣椒常规施肥量

单位：kg/亩

肥料品种	基肥推荐方案		
	低肥力	中肥力	高肥力
农家肥	4 000 ～ 4 500	3 500 ～ 4 000	2 000 ～ 3 000
商品有机肥	2 500 ～ 3 000	2 000 ～ 2 500	1 500 ～ 2 000
磷酸二铵	15 ～ 20	13 ～ 18	13
尿素	5 ～ 6	5 ～ 6	5
硫酸钾	8 ～ 10	7 ～ 9	6

追肥方案						
施肥时期	低肥力		中肥力		高肥力	
	尿素	硫酸钾	尿素	硫酸钾	尿素	硫酸钾
门椒膨大期	10 ～ 12	5 ～ 6	8 ～ 10	4 ～ 5	8	4 ～ 5
对椒收获期	12 ～ 15	7 ～ 8	10 ～ 12	6	10	5
四母斗膨大期	10 ～ 12	5 ～ 6	8 ～ 10	4 ～ 5	8	4 ～ 5

配方肥施肥：在常规施用有机肥的基础上，专用配方肥（N：P_2O_5：K_2O 为 18：9：18）按照低、中、高肥力亩施用量分别为 35kg、30kg、25kg，第一次追肥在门椒膨大期亩施专用冲施肥（N：P_2O_5：K_2O 为 18：4：22）15kg，第二次追肥在对椒收获期亩施专用冲施肥（N：P_2O_5：K_2O 为 18：4：22）20kg、硝酸钙 8 ～ 10kg/ 亩，第三次追肥在四母斗膨大期亩施专用冲施肥（N：P_2O_5：K_2O 为 18：4 ：22）15kg。

（十五）大白菜施肥

需肥特性：大白菜生育期长，产量高，养分需求量极大，对钾的吸收量最多，其次是氮、钙，磷、镁。每 1 000kg 大白菜约需要吸收氮（N）2.2kg、磷（P_2O_5）0.94kg、钾（K_2O）2.5kg。由于大白菜不同生育时期的生长量和生长速度不同，对营养条件的需求也不相同。总的需肥特点是：苗期吸收养分较少，氮、磷、钾的吸收量不足总吸收量的 1%；莲座期明显增多，占总量的 30% 左右；包心期吸收养分最多，占总量的 70% 左右。各个时期吸收三要素的比例也不相同，发芽期至莲座期吸收的氮最多，钾次之，磷最少，结球期吸收钾最多，氮次之，磷最少，因为结球期需要较多的钾促进外叶中光合产物的制造，同时还需要大量的钾促进光合产物由外叶向叶球运输并储藏。充足的氮素营养对促进形成肥大的绿叶和提高光合效率具有特别重要的意义，如果氮素供应不足，则会植株矮小，组织粗硬，严重减产；如果氮肥过多，会造成叶大而薄，包心不实，品质差，不耐储存。磷肥充足有利于叶球形成，钾能增加大白菜含糖量，加快结球速度，如果后期磷、钾供应不足，往往不易结球。大白菜是喜钙作物，在不良的环境条件下发生生理缺钙时，往往会出现干烧心病，严重影响大白菜的产量和品质。

施肥技术

常规施肥：有机肥可以在农家肥或商品有机肥中选择一种作为基肥，化肥分基肥和 3 次追肥施用，磷肥全部作基肥。常规施肥推荐量见表 31。

表 31　大白菜常规施肥量

单位：kg/ 亩

肥料品种	基肥推荐方案		
	低肥力	中肥力	高肥力
农家肥	3 000 ～ 3 500	2 500 ～ 3 000	2 000 ～ 2 500
商品有机肥	2 000 ～ 2 500	1 500 ～ 2 000	1 500
磷酸二铵	15 ～ 20	12 ～ 18	10 ～ 15
尿素	5 ～ 6	5 ～ 6	5
硫酸钾	5 ～ 6	5 ～ 6	5

施肥时期	追肥方案					
	低肥力		中肥力		高肥力	
	尿素	硫酸钾	尿素	硫酸钾	尿素	硫酸钾
莲座期	8 ～ 10	5	5 ～ 6	5	5	5
包心初期	10 ～ 12	5 ～ 7	8 ～ 10	6	8	5
包心中期	8 ～ 10	5	5 ～ 6	5	5	5

配方肥施肥：在常规施用有机肥的基础上，专用配方肥（N：P_2O_5：K_2O 为 18：9：18）按照低、中、高肥力亩施用量分别为 35kg、30kg、25kg，第一次追肥在莲座期亩施专用冲施肥（N：P_2O_5：K_2O 为 18：4：22）15kg，第二次追肥在包心初期亩施专用冲施肥（N：P_2O_5：K_2O 为 18：4：22）10kg、硝酸钙 8 ～ 10kg/ 亩，第三次追肥在包心中期亩施专用冲施肥（N：P_2O_5：K_2O 为 18：4：22）5kg。

根外追肥：在生长期喷施 0.3% 的氯化钙溶液或 0.25% ～ 0.50% 的硝酸钙溶液，可降低干烧心发病率。在结球初期喷施 0.5% ～ 1.0% 的尿素或 0.2% 的磷酸二氢钾溶液，可提高大白菜的净菜率，提高商品价值。

（十六）结球甘蓝施肥

施肥特性：结球甘蓝是喜肥耐肥作物，对土壤养分的吸收大于一般蔬菜。在幼苗期、莲座期和结球期吸肥动态与大白菜相同。生长前半期，对氮的吸收较多，至莲座期达到高峰。叶球形成对磷、钾、钙的吸收较多。结球期是大量吸收养分的时期，此期吸收氮、磷、钾、钙可占全生育吸收总量的 80%。定植后，35 天前后，对氮、磷、钙元素的吸收量达到高峰，而 50 天前后，对钾的吸收量达到高峰。一般吸收氮、钾、钙较多，磷较少。生产 1 000kg 结球甘蓝约需氮 3.0kg、磷 1.0kg、钾 4.0kg，其比例为 3：1：4。因此，在增施氮肥的基础上，应配施磷、钾、钙肥，使其结球紧实，净菜率高。

施肥技术

常规施肥：有机肥可以在农家肥或商品有机肥中选择一种作为基肥，化肥分基肥和 3 次追肥施用，磷肥全部作基肥。常规施肥推荐量见表 32。

表 32　结球甘蓝常规施肥量

单位：kg/ 亩

肥料品种	基肥推荐方案					
	低肥力		中肥力		高肥力	
农家肥	3 000 ～ 3 500		2 500 ～ 3 000		2 000 ～ 2 500	
商品有机肥	2 000 ～ 2 500		1 500 ～ 2 000		1 500	
磷酸二铵	15 ～ 20		12 ～ 18		10 ～ 15	
尿素	5 ～ 6		5 ～ 6		5	
硫酸钾	5 ～ 6		5 ～ 6		5	
追肥方案						
施肥时期	低肥力		中肥力		高肥力	
	尿素	硫酸钾	尿素	硫酸钾	尿素	硫酸钾
莲座期	8 ～ 10	5	5 ～ 6	5	5	5
结球初期	10 ～ 12	5 ～ 7	8 ～ 10	6	8	5
结球中期	8 ～ 10	5	5 ～ 6	5	5	5

配方肥施肥：在常规施用有机肥的基础上，专用配方肥（N：P_2O_5：K_2O 为 18：9：18）按照低、中、高肥力亩施用量分别占 35kg、30kg、25kg，第一次追肥在莲座期亩施专用冲施肥（N：P_2O_5：K_2O 为 18：4：22）15kg，第二次追肥在结球初期亩施专用冲施肥（N：P_2O_5：K_2O 为 18：4：22）10kg、硝酸钙 8 ～ 10kg，第三次追肥在结球中期亩施专用冲施肥（N：P_2O_5：K_2O 为 18：4：22）10kg。

（十七）芹菜施肥

需肥特性：芹菜为伞形花科芹菜属草本植物。芹菜是蔬菜中要求土壤肥力较高的种类之一，适宜有机质丰富、保水保肥能力强的壤土或黏壤土。芹菜生长周期大致可分为苗期和旺盛生长期两个阶段。一般来说，每生产 1 000kg 芹菜需吸收氮（N）2.55kg、磷（P_2O_5）1.36kg、钾（K_2O）3.67kg，吸收比例为 1∶0.5∶1.4。芹菜属于绿叶菜类速生蔬菜，在生长过程中对养分的吸收量与生长量的增长是一致的，不同养分的吸收量虽然不同，但吸收动态是一样的，即随着生长量的增加，养分吸收量增加。芹菜生长发育还需要钙、硼等中微量元素，芹菜对硼的需要量很大，在缺硼的土壤或由于干旱低温抑制吸收时，叶柄易横裂，即“茎折病”，严重影响产量和品质，因此，生产上应注意补施硼肥。

施肥技术

常规施肥：有机肥可以在农家肥或商品有机肥中选择一种作为基肥，化肥分基肥和 2 次追肥施用，磷肥全部作基肥。常规施肥推荐量见表 33。

表 33 芹菜常规施肥量

单位：kg/ 亩

肥料品种	基肥推荐方案		
	低肥力	中肥力	高肥力
农家肥	3 000 ～ 3 500	2 500 ～ 3 000	2 000 ～ 2 500
商品有机肥	2 000 ～ 2 500	1 500 ～ 2 000	1 500
磷酸二铵	15 ～ 20	12 ～ 18	10 ～ 15
尿素	4 ～ 5	5	5
硫酸钾	5	5	5

追肥方案						
施肥时期	低肥力		中肥力		高肥力	
	尿素	硫酸钾	尿素	硫酸钾	尿素	硫酸钾
叶丛生长初期	7 ～ 9	4 ～ 5	6 ～ 8	4	5 ～ 7	3 ～ 4
旺盛生长期	10 ～ 12	5 ～ 7	8 ～ 10	6	8	5

配方肥施肥：在常规施用有机肥的基础上，专用配方肥（N：P_2O_5：K_2O 为 18：9：18）按照低、中、高肥力亩施用量分别为 30kg、25kg、20kg，第一次追肥在叶丛生长初期期亩施专用冲施肥（N：P_2O_5：K_2O 为 18：4：22）10kg，第二次追肥在旺盛生长期亩施专用冲施肥（N：P_2O_5：K_2O 为 18：4：22）12kg、硝酸钙 5 ～ 8kg。

（十八）结球生菜施肥

需肥特性：结球生菜是菊科莴苣属草本植物，适宜有机质丰富、保水保肥能力强的微酸性黏壤或壤土。结球生菜的生育周期可分为发芽期、幼苗期、莲座期和结球期。结球生菜生长迅速，喜氮肥，生长初期吸肥量较小，在播后 70 ～ 80 天进入结球期，养分吸收量急剧增加，在结球期的一个月里，氮的吸收量可以占到全生育期的 80% 以上。磷、钾的吸收与氮相似，尤其是钾的吸收，不仅吸收量大，而且一直持续到收获。幼苗期缺磷对生长影响最大，结球期缺磷会影响生菜结球。结球期缺钾，会严重影响叶片重量。

施肥技术

常规施肥：有机肥可以在农家肥或商品有机肥中选择一种作为基肥，化肥分基肥和 3 次追肥施用，磷肥全部作基肥。常规施肥推荐量见表 34。

表 34　结球生菜常规施肥量

单位：kg/ 亩

肥料品种	基肥推荐方案					
	低肥力		中肥力		高肥力	
农家肥	3 000 ～ 3 500		2 500 ～ 3 000		2 000 ～ 2 500	
商品有机肥	2 000 ～ 2 500		1 500 ～ 2 000		1 500	
磷酸二铵	15 ～ 20		12 ～ 18		10 ～ 15	
尿素	4 ～ 5		5		5	
硫酸钾	7 ～ 9		6 ～ 8		5 ～ 6	
追肥方案						
施肥时期	低肥力		中肥力		高肥力	
	尿素	硫酸钾	尿素	硫酸钾	尿素	硫酸钾
莲座期	7 ～ 9	4 ～ 5	6 ～ 8	4	5 ～ 7	3 ～ 4
结球初期	10 ～ 12	5 ～ 7	8 ～ 10	6	8	5
结球中期	7 ～ 9	4 ～ 5	6 ～ 8	4	5 ～ 7	3 ～ 4

配方肥施肥：在常规施用有机肥的基础上，专用配方肥（N：P_2O_5：K_2O 为 18：9：18）按照低、中、高肥力亩施用量分别为 30kg、25kg、20kg，第一次追肥在莲座期亩施专用冲施肥（N：P_2O_5：K_2O 为 18：4：22）15kg，第二次追肥在结球初期亩施专用冲施肥（N：P_2O_5：K_2O 为 18：4：22）10kg、硝酸钙 8 ～ 10kg，第三次追肥在结球中期亩施专用冲施肥（N：P_2O_5：K_2O 为 18：4：22）10kg。

（十九）油菜施肥

需肥特性：油菜分甘蓝型和白菜型两大类，不同类型对氮、磷、钾的吸收比例不同，一般甘蓝型营养吸收比例为 N：P_2O_5：K_2O=1：0.42：1.4，白菜型为 N：P_2O_5：K_2O=1：0.44：1.1，甘蓝型吸肥量一般比白菜型高 30% 以上，产量高 50% 以上，且甘蓝型油菜需钾量明显比白菜型高。油菜的生长发育过程分为苗期、薹期、花期、结果期和成熟期等阶段。油菜吸收氮、磷、钾养分的数量因品种、土壤和栽培等条件不同而有差异。一般在亩产油菜籽 150kg 条件下，每生产 100kg 油菜籽需要从土壤中吸收氮 10.1kg、磷 3.5kg、钾 9.4kg。油菜是需肥多、耐肥性强的作物。

施肥技术

常规施肥：有机肥可以在农家肥或商品有机肥中选择一种作为基肥，化肥分基肥和 1 次追肥施用，磷肥全部作基肥。常规施肥推荐量见表 35。

表 35 油菜常规施肥量

单位：kg/ 亩

肥料品种	基肥推荐方案		
	低肥力	中肥力	高肥力
农家肥	2 500 ～ 3 000	2 000 ～ 2 500	1 500 ～ 2 000
商品有机肥	1 500 ～ 2 000	1 000 ～ 1 500	800 ～ 1 000
磷酸二铵	9 ～ 11	7 ～ 9	7 ～ 9
尿素	4 ～ 5	5	5
硫酸钾	7 ～ 9	6 ～ 8	5 ～ 6

追肥方案						
施肥时期	低肥力		中肥力		高肥力	
	尿素	硫酸钾	尿素	硫酸钾	尿素	硫酸钾
生长旺盛期	10 ～ 13	7 ～ 9	8 ～ 10	5 ～ 6	7 ～ 9	4 ～ 5

配方肥施肥：在常规施用有机肥的基础上，专用配方肥（N：P_2O_5：K_2O 为 18：9：18）按照低、中、高肥力亩施用量分别为 30kg、25kg、20kg，追肥在生长旺盛期亩施专用冲施肥（N：P_2O_5：K_2O 为 18：4：22）15kg。

（二十）大萝卜施肥

需肥特性：大萝卜是十字花科属草本植物。大萝卜对土壤的适应性比较广，为了获得高产优质的产品，仍以土层深厚、疏松、排水良好、比较肥沃的砂壤土为佳。大萝卜的生育期分为发芽期、幼苗期、叶片生长盛期和肉质根生长盛期。

大萝卜对氮、磷、钾的吸收量较大，是一种需肥量较高的高产作物，每生产 1 000kg 大萝卜，需要从土壤中吸收氮（N）2.1 ～ 3.1kg、磷（P_2O_5）0.8 ～ 1.9kg、钾（K_2O）3.5 ～ 5.6kg，其比例大致是 1：0.5：1.8。大萝卜在不同生育期中对氮、磷、钾吸收量的差别很大，一般幼苗期吸氮量较多，磷、钾的吸收量较少，进入肉质根膨大前期，植株对钾的吸收量显著增加，其次为氮和磷，到了肉质根膨大盛期是养分吸收高峰期，因此，保证这一时期的营养充足是大萝卜丰产的关键。萝卜对氮敏感，缺氮会降低萝卜的产量，而且愈在生育初期缺氮，对产量的影响愈大，氮素过剩，磷、钾不足，则会造成地上部分贪青徒长。萝卜与其他十字花科蔬菜一样，由于土壤干旱等原因容易导致出现缺钙或缺硼症状，缺钙时距离生长点近的叶片尖端枯死，缺硼时根的心部变成褐色，即褐色烂心病。

施肥技术

常规施肥：有机肥可以在农家肥或商品有机肥中选择一种作为基肥，化肥分基肥和 2 次追肥施用，磷肥全部作基肥。常规施肥推荐量见表 36。

表 36 大萝卜常规施肥量

单位：kg/ 亩

肥料品种	基肥推荐方案		
	低肥力	中肥力	高肥力
农家肥	3 000 ～ 3 500	2 500 ～ 3 000	2 000 ～ 2 500
商品有机肥	1 500 ～ 2 000	1 000 ～ 1 500	800 ～ 1 000
磷酸二铵	15 ～ 20	12 ～ 18	11 ～ 15
尿素	5 ～ 6	5 ～ 6	5
硫酸钾	6 ～ 7	5 ～ 7	5 ～ 6

追肥方案						
施肥时期	低肥力		中肥力		高肥力	
	尿素	硫酸钾	尿素	硫酸钾	尿素	硫酸钾
肉质根膨大初期	12 ～ 14	8 ～ 10	11 ～ 13	8 ～ 9	11 ～ 12	7 ～ 8
肉质根膨大盛期	9 ～ 11	6 ～ 7	9 ～ 10	5 ～ 6	8 ～ 9	4 ～ 6

配方肥施肥：在常规施用有机肥的基础上，专用配方肥（N：P_2O_5：K_2O 为 18：9：18）按照低、中、高肥力亩施用量分别为 30kg、25kg、20kg，第一次追肥在肉质根膨大初期亩施专用冲施肥（N：P_2O_5： K_2O 为 18：4：22）15kg，第二次追肥在肉质根膨大盛期亩施专用冲施肥（N：P_2O_5： K_2O 为 18：4：22）10kg。

根外追肥：在生长中后期，可用 0.3% 硝酸钙和 0.2% 硼酸叶面喷施肥 2 ～ 3 次，以防止缺钙、缺硼。

（二十一）菜豆施肥

需肥特性：菜豆根系比较发达，要求生长在疏松肥沃、排水和透气性良好的土壤中。菜豆耐盐碱的能力较差，尤其不耐含氯离子的盐类。菜豆幼苗出土后，根系可迅速从土壤中吸收各种营养元素。随着植株的生长，养分吸收量逐渐增加，并储存于茎叶中，到了开花结果时，积累量达到最大值。但到了豆荚伸长期后，茎叶中储存的养分迅速向豆荚中运转，以供其生长的需要。矮生种的转移率大于蔓生种。应当指出，结荚期的肥水管理与营养生长期的肥水管理同等重要，不可忽视，特别是蔓生菜豆。

菜豆一生中从土壤吸收最多的元素是钾，其次为氮、磷、钙、硼等。植株虽然需氮量多，但在根瘤形成后，大部分氮可由根瘤菌固定空气中的氮素来提供。尽管如此，土壤供氮不足也会影响菜豆的生长和产量。据研究，硼和钼对菜豆的生长发育和根瘤菌的活力都有良好的促进作用。因此，叶面喷施多元微肥不仅可以提高菜豆产量，而且还能改善其品质。

施肥技术

常规施肥：有机肥可以在农家肥或商品有机肥中选择一种作为基肥，化肥分基肥和 2 次追肥施用，磷肥全部作基肥。常规施肥推荐量见表 37。

表 37 菜豆常规施肥量

单位：kg/ 亩

肥料品种	基肥推荐方案					
	低肥力		中肥力		高肥力	
农家肥	3 000 ～ 3 500		2 500 ～ 3 000		2 000 ～ 2 500	
商品有机肥	1 500 ～ 2 000		1 000 ～ 1 500		800 ～ 1 000	
磷酸二铵	13 ～ 15		11 ～ 13		9 ～ 11	
尿素	3 ～ 4		3 ～ 4		2 ～ 3	
硫酸钾	7 ～ 9		6 ～ 8		5 ～ 7	
追肥方案						
施肥时期	低肥力		中肥力		高肥力	
	尿素	硫酸钾	尿素	硫酸钾	尿素	硫酸钾
抽蔓期	6 ～ 7	5 ～ 6	5 ～ 6	4 ～ 5	5 ～ 6	4 ～ 6
开花结荚期	6 ～ 7	5 ～ 6	5 ～ 7	4 ～ 6	4 ～ 8	4 ～ 6

配方肥施肥：在常规施用有机肥的基础上，专用配方肥（N：P_2O_5：K_2O 为 18：9：18）按照低、中、高肥力亩施用量分别为 30kg、25kg、20kg，第一次追肥在抽蔓期亩施专用冲施肥（N：P_2O_5：K_2O 为 18：4：22）15kg，第二次追肥在开花结荚期亩施专用冲施肥（N：P_2O_5：K_2O 为 18：4：22）10kg。

（二十二）西瓜施肥

需肥特性：西瓜的茎叶繁茂，生长速度快，果大，产量高，需要肥料较多，而且要求土壤养分全面，如果营养不足或养分比例不当，则会严重影响产量和品质。钾能促进茎蔓生长健壮和提高茎蔓的韧性，增强抗寒、抗病及防风的能力。缺钾会使西瓜抗逆性降低，特别是在膨瓜期，缺钾会引起疏导组织衰弱，养分合成和运输受阻。钙参与植株体内糖和氮的代谢，中和植物体内产生的酸，参与磷酸和糖的运输，促进对磷的吸收，对蛋白质的代谢起重要作用，也能促进营养物质从功能叶片向幼嫩组织输送。每生产 1 000kg 西瓜果实，需氮 2.5 ～ 3.2kg、磷 0.8 ～ 1.2kg、钾 2.9 ～ 3.6kg，三要素的比例约为 3：1：4。西瓜一生经历发芽期、幼苗期、伸蔓期、开花期和结瓜期。西瓜不同生育期对肥料的吸收量差异较大。幼苗期的氮、磷、钾吸收量占全生育期吸收总量的 0.18% ～ 0.25%，伸蔓期的氮、磷、钾吸收总量占全生育期吸收总量的 20% ～ 30%，结瓜期占 70% ～ 80%，结瓜期的营养供应是否充足，直接影响西瓜的产量。不同生育时期对氮、磷、钾的吸收特点是氮的吸收较早，至伸蔓期增加迅速，结瓜期达到吸收高峰；钾的吸收前期较少，在结瓜期急剧上升，与改善西瓜品质密切相关；磷的吸收初期较高，高峰出现较早，在伸蔓期趋于平稳，结瓜期吸收明显降低。由此得知，在西瓜结瓜前的伸蔓、开花期，以氮、磷的吸收量较多，结瓜后则以钾的吸收量最大。西瓜植株不同器官中氮、磷、钾含量差异较大，叶片中含氮量相对多些，含钾量相对较少；茎中含钾量相对多些，含氮量相对较少。瓜皮中钾的含量最高，种籽则以氮、磷的含量为最高，而完整瓜则以钾的含量最高，其次是氮，磷最低。

施肥技术

常规施肥：有机肥可以在农家肥或商品有机肥中选择一种作为基肥，化肥分基肥和 3 次追肥施用，磷肥全部作基肥。常规施肥推荐量见表 38。

表 38 西瓜常规施肥量

单位：kg/ 亩

肥料品种	基肥推荐方案		
	低肥力	中肥力	高肥力
农家肥	4 000 ～ 4 500	3 500 ～ 4 000	2 000 ～ 3 000
商品有机肥	2 500 ～ 3 000	2 000 ～ 2 500	1 500 ～ 2 000
磷酸二铵	17 ～ 22	15 ～ 20	13 ～ 17
尿素	6 ～ 7	6	5 ～ 6
硫酸钾	6 ～ 7	5 ～ 7	4 ～ 6

追肥方案						
施肥时期	低肥力		中肥力		高肥力	
	尿素	硫酸钾	尿素	硫酸钾	尿素	硫酸钾
伸蔓期	8 ～ 9	4 ～ 5	7 ～ 8	3 ～ 5	6 ～ 7	3 ～ 4
果实膨大初期	11 ～ 13	6 ～ 7	10 ～ 12	4 ～ 6	10 ～ 12	4 ～ 5
果实膨大中期	8 ～ 10	4 ～ 5	7 ～ 9	3 ～ 5	6 ～ 7	3 ～ 4

配方肥施肥：在常规施用有机肥的基础上，专用配方肥（N：P_2O_5：K_2O 为 18：9：18）按照低、中、高肥力亩施用量分别为 35kg、30kg、25kg，第一次追肥在伸蔓期亩施专

用冲施肥（N：P_2O_5：K_2O 为 18：4：22）15kg，第二次追肥在果实膨大初期亩施专用冲施肥（N：P_2O_5：K_2O 为 18：4：22）10kg，第三次追肥在果实膨大中期亩施专用冲施肥（N：P_2O_5：K_2O 为 18：4：22）10kg。

根外施肥：在西瓜果实膨大初期和中期，叶面喷施 0.2% ～ 0.5% 磷酸二氢钾加 0.1% 硼砂和 0.5% 硫酸亚铁等微量元素水溶液，既可防早衰增加抗病能力，又能提高西瓜品质。设施栽培条件下，在西瓜旺盛生长时可增施二氧化碳气肥。

（二十三）甜瓜施肥

需肥特性：甜瓜属一年生蔓性草本植物，是葫芦科植物。甜瓜一生按生长发育特点不同可划分为发芽期、幼苗期、抽蔓期、结瓜期 4 个时期。甜瓜对土壤条件要求不高，在砂土、砂壤土、黏土上均可种植，以疏松、土层厚、土质肥沃、通气良好的砂壤土为最好，但砂壤土保水、保肥能力差，有机质含量少，肥力差，植株生育后期容易早衰，影响果实的品质和产量，所以砂质土壤种植甜瓜，在生长发育中后期要加强肥水管理，增施有机肥，改善土壤的保水、保肥能力。

甜瓜需肥量大，形成 1 000kg 产品需吸收氮 2.5 ～ 3.5kg、磷 1.3 ～ 1.7kg、钾 4.4 ～ 6.8kg、钙 5.0kg、镁 1.1kg、硅 1.5kg。营养元素在甜瓜的产量形成、品质提高中起着重要的作用，供氮充足时，叶色浓绿，生长旺盛，氮不足时则叶片发黄，植株瘦小。但生长前期若氮素过多，易导致植株疯长，结果后期植株吸收氮素过多，会延迟果实成熟，且果实含糖量低。磷能促进蔗糖和淀粉的合成，提高甜瓜果实的含糖量，缺磷会使植株叶片老化，植株早衰。钾有利于植株进行光合作用及原生质的生命活动，促进糖的合成，施钾能促进光合产物的合成和运输，提高产量，并能减轻枯萎病的危害。钙和硼不仅影响果实糖分含量，而且影响果实外观，钙不足时，果实表面网纹粗糙，泛白，缺硼时果肉易出现褐色斑点。甜瓜对养分吸收以幼苗期吸肥最少，开花后氮、磷、钾吸收量逐渐增加，氮、钾吸收高峰在坐果后 16 ～ 17 天，坐果后 26 ～ 27 天就急剧下降，磷、钙吸收高峰期在坐果后 26 ～ 27 天，并延续至果实成熟。开花到果实膨大末期的 1 个月左右时间内，是甜瓜吸收养分最多的时期，也是肥料的最大效率期。在甜瓜栽培中，铵态氮肥比硝态氮肥肥效差，且铵态氮会影响含糖量，因此，应尽量选用硝态氮肥。甜瓜为禁氯作物，不宜施用氯化铵、氯化钾等肥料。

施肥技术

常规施肥：有机肥可以在农家肥或商品有机肥中选择一种作为基肥，化肥分基肥和 3 次追肥施用，磷肥全部作基肥。常规施肥推荐量见表 39。

表 39　甜瓜常规施肥量

单位：kg/ 亩

肥料品种	基肥推荐方案					
	低肥力		中肥力		高肥力	
农家肥	4 000 ～ 4 500		3 500 ～ 4 000		2 000 ～ 3 000	
商品有机肥	2 500 ～ 3 000		2 000 ～ 2 500		1 500 ～ 2 000	
磷酸二铵	15 ～ 20		13 ～ 17		11 ～ 15	
尿素	6		5 ～ 6		5 ～ 6	
硫酸钾	5 ～ 7		5 ～ 6		4 ～ 5	
追肥方案						
施肥时期	低肥力		中肥力		高肥力	
	尿素	硫酸钾	尿素	硫酸钾	尿素	硫酸钾
伸蔓期	10	4 ～ 5	9 ～ 10	3 ～ 4	8 ～ 10	3 ～ 4
果实膨大初期	13 ～ 14	5 ～ 6	12 ～ 14	4 ～ 6	12 ～ 13	4 ～ 5
果实膨大中期	10	4 ～ 5	9 ～ 10	3 ～ 4	8 ～ 10	3 ～ 4

配方肥施肥：在常规施用有机肥的基础上，专用配方肥（N：P_2O_5：K_2O 为 18：9：18）按照低、中、高肥力亩施用量分别为 35kg、30kg、25kg，第一次追肥在伸蔓期亩施专用冲施肥（N：P_2O_5：K_2O 为 18：4：22）15kg，第二次追肥在果实膨大初期亩施专用冲施肥（N：P_2O_5：K_2O 为 18：4：22）10kg，第三次追肥在果实膨大中期亩施专用冲施肥（18：4：22）10kg。

根外施肥：在甜瓜坐果后每隔 7 天左右喷施一次 0.3% 磷酸二氢钾溶液，连喷 2 ～ 3 次。

（二十四）草莓施肥

需肥特性：草莓对肥料的吸收量，随生长发育进程而逐渐增加，尤其在果实膨大期、采收始期和采收旺期吸肥能力特别强。因此，在这几个时期要适当追肥。草莓一生中对钾和氮的吸收特别强，在采收旺期对钾的吸收量要超过对氮的吸收量。对磷的吸收，整个生长过程均较弱。磷的作用是促进根系发育，从而提高草莓产量。磷过量，会降低草莓的光泽度。在提高草莓品质方面，追施钾肥和氮肥比追施磷肥效果好。因此，追肥应以氮、钾肥为主，磷肥应作基肥施用。草莓不耐肥，易发生盐分障碍，影响草莓生长。春香和宝交早生等品种，对速效化肥特别敏感，因此，基肥中多施速效化肥是很危险的。另外，在促成栽培中，施基肥过量有可能推迟侧花芽分化，甚至出现侧花芽不能分化而分生出大量分枝的现象。

施肥技术

常规施肥：有机肥可以在农家肥或商品有机肥中选择一种作为基肥，化肥分基肥和2次追肥施用，磷肥全部作基肥。常规施肥推荐量见表40。

表40 草莓常规施肥量

单位：kg/亩

肥料品种	基肥推荐方案					
	低肥力		中肥力		高肥力	
农家肥	4 000～4 500		3 500～4 000		2 000～3 000	
商品有机肥	1 500～2 000		1 000～1 500		800～1 000	
磷酸二铵	15～20		13～17		13～15	
尿素	5～6		5～6		5	
硫酸钾	5～7		5～6		4～5	
追肥方案						
施肥时期	低肥力		中肥力		高肥力	
	尿素	硫酸钾	尿素	硫酸钾	尿素	硫酸钾
开花期	9～10	5～6	9～10	4～6	8～9	4～5
浆果膨大期	12～13	8～9	11～13	7～8	10～12	6～8

配方肥施肥：在常规施用有机肥的基础上，专用配方肥（N：P_2O_5：K_2O为18：9：18）按照低、中、高肥力施用量35kg、30kg、25kg，第一次追肥在开花期亩施专用冲施肥（N：P_2O_5：K_2O为18：4：22）15kg，第二次追肥在浆果膨大期亩施专用冲施肥（N：P_2O_5：K_2O为18：4：22）10kg。

附表　大兴区各村镇耕地土壤养分含量

权属名称	农田类型	有机质/(g/kg)	全氮/(g/kg)	碱解氮/(mg/kg)	有效磷/(mg/kg)	速效钾/(mg/kg)	有效铁/(mg/kg)	有效锰/(mg/kg)	有效铜/(mg/kg)	有效锌/(mg/kg)
安定镇										
安定车站村	园地	12.53	0.91	65.77	37.81	106.71	6.55	7.55	1.39	1.12
堡林庄	粮田	9.38	0.65	58.20	24.59	96.46	7.48	7.92	1.29	1.48
	蔬菜	9.34	0.65	60.01	14.98	89.11	7.23	7.77	1.25	1.42
	园地	9.25	0.62	55.37	24.12	105.91	7.38	8.10	1.28	1.41
大渠	粮田	12.67	0.83	69.72	35.73	109.56	8.33	10.06	1.57	1.19
	蔬菜	12.51	0.81	71.35	29.37	109.88	8.28	10.60	1.51	1.22
	园地	12.62	0.85	71.40	30.48	110.10	8.84	10.21	1.51	1.04
东白塔	粮田	10.94	0.75	67.99	27.13	111.25	6.23	6.58	1.48	0.98
	蔬菜	11.78	0.86	74.04	18.50	114.06	6.31	6.48	1.39	0.94
	园地	12.37	0.84	72.66	17.32	116.31	6.59	6.68	1.39	1.01
东芦各庄	粮田	12.72	0.82	76.27	50.47	130.20	6.05	7.76	1.52	1.28
	蔬菜	10.54	0.61	65.87	39.48	194.24	5.82	7.79	1.53	1.26
	园地	12.35	0.77	76.23	52.89	142.62	6.03	7.63	1.49	1.26
杜庄屯	粮田	11.68	0.70	70.47	30.55	111.47	7.73	7.62	1.85	1.87
	蔬菜	12.51	0.77	74.78	41.71	121.87	7.86	7.56	1.88	1.85
	园地	11.27	0.65	68.79	35.91	108.75	7.73	7.62	1.78	1.82
皋营村	粮田	11.82	0.73	72.50	39.66	121.62	6.48	6.33	1.20	0.93
	蔬菜	12.50	0.83	74.18	49.24	126.71	6.56	6.38	1.18	0.93
	园地	12.59	0.82	74.66	50.25	126.94	6.53	6.26	1.18	0.91
高店	粮田	9.09	0.56	65.42	36.68	60.78	7.15	6.53	2.24	2.08
	蔬菜	9.91	0.61	72.10	38.20	56.04	7.32	6.74	2.52	2.27
	园地	7.42	0.41	47.50	19.87	62.81	7.27	5.67	1.81	1.68
洪士庄	粮田	10.84	0.67	59.87	35.92	96.97	7.05	7.18	1.98	2.27
	蔬菜	10.26	0.64	59.91	37.82	86.56	7.44	6.96	2.21	2.65
	园地	11.99	0.75	62.62	35.32	104.98	6.91	7.26	2.03	2.39
后安定	粮田	10.21	0.70	76.55	54.21	126.54	6.34	6.65	1.27	1.85
	蔬菜	10.69	0.78	49.91	34.34	113.24	6.39	6.51	0.98	1.07
	园地	10.51	0.66	63.86	38.37	112.76	6.40	6.62	1.19	1.72

续表

权属名称	农田类型	有机质/(g/kg)	全氮/(g/kg)	碱解氮/(mg/kg)	有效磷/(mg/kg)	速效钾/(mg/kg)	有效铁/(mg/kg)	有效锰/(mg/kg)	有效铜/(mg/kg)	有效锌/(mg/kg)
后辛坊	粮田	12.92	0.84	79.70	34.13	115.88	6.43	6.58	1.26	1.12
	蔬菜	12.77	0.81	79.34	31.39	114.80	6.33	6.43	1.24	1.09
	园地	11.98	0.78	69.00	31.76	101.18	6.56	6.69	1.27	1.08
后野厂	粮田	8.67	0.60	60.66	38.89	94.25	6.38	7.29	1.32	1.37
	蔬菜	6.56	0.31	45.43	25.32	63.54	6.69	5.66	1.29	1.35
	园地	9.03	0.65	63.68	44.96	88.04	5.91	6.42	1.19	1.17
伙达营	粮田	12.54	0.71	70.87	32.77	125.56	6.73	5.92	1.05	0.80
	蔬菜	11.82	0.69	68.90	19.75	120.82	6.23	5.96	1.05	0.85
	园地	9.93	0.53	62.11	30.34	126.69	6.06	5.67	1.03	0.82
驴坊	粮田	11.37	0.77	65.07	14.05	93.41	5.52	6.91	1.28	0.96
	蔬菜	11.47	0.72	65.18	24.17	122.15	5.33	6.83	1.28	0.99
	园地	12.32	0.83	67.10	16.15	96.93	5.49	6.69	1.26	0.95
马各庄	粮田	9.50	0.62	66.27	24.33	110.66	6.50	7.38	1.45	0.97
	蔬菜	9.40	0.59	62.54	22.64	113.68	6.11	7.18	1.54	0.97
	园地	10.17	0.64	66.28	25.14	111.05	6.62	7.62	1.52	1.03
潘家马房	粮田	10.97	0.73	64.21	33.73	92.40	6.54	8.05	1.45	1.29
	蔬菜	10.61	0.71	63.33	29.26	89.79	6.75	8.24	1.48	1.35
	园地	11.32	0.80	64.43	35.46	89.82	6.28	7.63	1.40	1.24
前安定	粮田	7.71	0.39	46.21	42.33	93.04	7.45	5.46	1.87	1.38
	蔬菜	8.18	0.45	42.76	51.17	92.20	7.86	5.76	2.08	1.34
	园地	7.48	0.47	49.41	67.88	118.39	7.32	5.15	2.19	1.21
前辛坊	粮田	10.94	0.68	72.94	22.33	103.88	6.97	7.35	1.42	0.88
	蔬菜	11.16	0.70	76.67	23.76	104.47	7.12	7.50	1.42	0.87
	园地	10.90	0.57	72.35	26.05	110.91	6.42	6.96	1.39	0.92
前野厂	粮田	6.86	0.43	50.75	43.20	89.82	7.97	5.55	1.07	0.87
	蔬菜	5.21	0.26	30.97	15.72	76.62	6.38	4.48	0.95	0.57
	园地	7.01	0.36	49.00	35.53	85.78	7.45	5.98	1.22	1.14
沙河村	粮田	8.92	0.60	57.58	19.37	109.79	5.89	6.40	1.47	1.46
	蔬菜	9.41	0.62	63.98	18.31	113.95	5.98	6.20	1.50	1.47
	园地	8.67	0.47	53.30	17.96	99.82	5.91	6.32	1.46	1.43
善台子	粮田	8.22	0.57	55.40	21.06	115.07	6.99	5.32	1.44	1.03
	蔬菜	8.84	0.58	65.40	11.66	161.66	6.27	5.82	1.21	1.18
	园地	8.46	0.55	63.65	12.47	144.19	6.12	5.80	1.21	1.17

续表

权属名称	农田类型	有机质/(g/kg)	全氮/(g/kg)	碱解氮/(mg/kg)	有效磷/(mg/kg)	速效钾/(mg/kg)	有效铁/(mg/kg)	有效锰/(mg/kg)	有效铜/(mg/kg)	有效锌/(mg/kg)
汤营村	粮田	14.36	0.90	59.69	67.53	87.15	7.01	8.36	1.54	1.10
	蔬菜	14.59	0.96	67.65	63.59	91.67	6.97	8.37	1.53	1.12
	园地	13.57	0.82	61.25	86.38	87.70	6.82	8.01	1.46	1.05
通州马房	粮田	9.22	0.62	61.90	16.08	79.58	6.02	6.76	1.42	1.02
	蔬菜	8.49	0.57	65.42	18.83	77.07	6.22	6.87	1.48	1.07
	园地	7.67	0.51	56.52	12.94	79.21	6.02	5.94	1.22	0.88
佟家务	粮田	11.33	0.76	81.26	29.39	99.92	8.41	8.92	1.55	1.67
	蔬菜	11.45	0.78	80.64	29.71	98.05	8.17	8.62	1.53	1.61
	园地	11.49	0.79	79.65	34.94	94.71	8.09	8.67	1.59	1.76
佟营	粮田	10.96	0.71	69.01	25.06	123.70	8.29	10.66	1.40	1.44
	蔬菜	9.48	0.56	59.20	14.50	105.15	7.49	9.01	1.37	1.24
	园地	10.72	0.68	69.96	29.89	121.12	8.21	10.82	1.42	1.47
西白塔	粮田	11.80	0.84	70.16	32.65	93.56	6.96	7.39	1.44	0.86
	蔬菜	10.83	0.73	69.21	26.91	86.31	6.91	7.27	1.50	0.81
	园地	11.67	0.84	69.53	27.95	93.67	6.63	7.01	1.40	0.87
西芦各庄	粮田	12.60	0.84	77.68	50.50	105.89	8.15	8.90	1.68	1.81
	蔬菜	13.60	0.90	90.13	83.67	140.62	8.68	8.93	2.00	2.70
	园地	12.64	0.83	73.65	47.59	107.42	8.22	8.60	1.68	1.87
兴安营	粮田	9.49	0.62	62.86	22.75	125.74	7.35	5.27	2.13	1.34
	蔬菜	12.55	0.85	74.95	28.69	127.50	6.61	6.04	1.68	1.56
	园地	9.29	0.59	59.71	21.95	117.06	7.06	5.45	1.95	1.40
徐柏村	粮田	10.52	0.58	71.47	46.66	95.89	6.46	7.92	1.48	1.29
	蔬菜	10.71	0.63	77.13	40.11	92.49	6.49	8.05	1.50	1.30
	园地	9.58	0.52	62.23	23.01	84.19	6.52	7.60	1.49	1.29
于家务	粮田	10.85	0.63	68.76	56.65	96.74	6.88	7.72	1.64	1.36
	蔬菜	11.08	0.64	70.74	59.03	95.24	6.89	7.84	1.65	1.37
	园地	9.17	0.51	58.08	49.10	83.39	6.69	7.37	1.62	1.13
站上村	粮田	8.51	0.56	60.99	37.17	88.29	7.07	5.31	1.65	1.45
	蔬菜	8.92	0.58	57.84	22.58	74.02	9.07	5.10	1.80	1.51
	园地	8.61	0.57	61.83	31.01	80.56	8.19	5.24	1.58	1.60
郑福庄	粮田	9.86	0.61	63.65	15.80	94.02	7.14	7.01	1.58	2.11
	蔬菜	9.14	0.53	60.29	12.30	92.69	7.08	6.96	1.58	2.08
	园地	9.20	0.49	60.80	13.85	92.32	7.70	6.47	1.75	2.28

续表

权属名称	农田类型	有机质/(g/kg)	全氮/(g/kg)	碱解氮/(mg/kg)	有效磷/(mg/kg)	速效钾/(mg/kg)	有效铁/(mg/kg)	有效锰/(mg/kg)	有效铜/(mg/kg)	有效锌/(mg/kg)
周园子	粮田	12.54	0.82	73.28	18.06	110.03	5.89	5.79	1.04	0.82
	蔬菜	11.08	0.62	74.13	29.70	125.51	5.79	5.79	1.04	0.83
	园地	11.77	0.73	69.91	22.80	130.64	5.91	5.88	1.09	0.86
安定镇平均值		10.55	0.67	65.60	32.71	104.57	6.90	7.07	1.49	1.32
					北臧村镇					
八家	粮田	8.48	0.47	62.36	53.66	95.23	7.78	4.88	1.00	0.96
	蔬菜	11.56	0.79	74.37	93.49	95.35	7.83	4.48	1.04	0.94
	园地	11.03	0.76	70.34	83.69	96.06	7.81	4.41	1.05	0.93
巴园子	粮田	12.03	0.75	83.93	57.63	125.94	7.80	6.14	1.49	2.69
	蔬菜	12.79	0.76	86.45	64.27	141.58	8.06	6.49	1.45	2.72
	园地	12.37	0.73	76.89	76.72	114.67	8.08	6.32	1.41	2.55
北高各庄	粮田	9.97	0.63	66.90	29.90	69.16	5.89	5.81	1.06	1.13
	蔬菜	10.86	0.67	75.63	29.11	76.82	5.85	5.97	1.10	1.39
	园地	11.74	0.76	69.07	35.24	77.76	5.76	5.91	1.14	1.46
六和庄	粮田	7.73	0.34	58.49	30.25	100.80	11.00	4.66	1.22	0.64
	蔬菜	10.94	0.80	78.99	35.61	111.92	10.81	4.58	1.20	0.58
	园地	10.89	0.75	77.09	25.80	124.64	11.56	4.84	1.33	0.49
马村	粮田	11.95	0.66	71.88	58.43	118.41	8.65	4.20	0.99	0.87
	蔬菜	11.48	0.73	68.13	28.53	68.77	9.67	4.28	0.94	0.88
	园地	12.89	0.76	62.88	28.67	76.36	8.78	4.06	1.06	0.93
皮各庄	粮田	9.69	0.58	64.47	35.26	77.34	6.62	5.61	1.18	1.45
	蔬菜	10.29	0.64	67.30	36.90	69.85	6.76	5.86	1.17	1.44
	园地	9.72	0.62	67.55	29.18	73.89	6.46	5.46	1.15	1.26
前管营	粮田	7.46	0.50	52.75	28.78	82.84	9.31	5.83	1.77	0.91
	蔬菜	7.61	0.49	53.78	26.87	78.42	7.46	5.60	1.56	1.01
	园地	6.86	0.43	50.63	26.98	74.11	7.06	5.05	1.83	0.86
桑马房	粮田	5.29	0.29	82.56	5.62	94.11	8.09	5.25	1.04	1.15
	蔬菜	5.63	0.21	71.03	6.55	113.53	8.03	5.13	1.06	1.17
	园地	11.00	0.63	64.82	17.55	91.18	8.12	4.26	1.06	0.97
天堂河农场	粮田	8.54	0.57	67.79	32.03	67.38	7.83	5.91	1.29	1.42
西大营	粮田	7.01	0.29	49.92	17.75	90.10	8.35	5.24	1.08	1.21
	蔬菜	6.76	0.29	49.23	15.45	93.62	7.92	5.33	1.05	1.33
	园地	6.66	0.26	38.85	12.89	74.83	8.49	5.34	1.11	1.39

续表

权属名称	农田类型	有机质/(g/kg)	全氮/(g/kg)	碱解氮/(mg/kg)	有效磷/(mg/kg)	速效钾/(mg/kg)	有效铁/(mg/kg)	有效锰/(mg/kg)	有效铜/(mg/kg)	有效锌/(mg/kg)
西王庄	粮田	8.24	0.51	56.20	22.17	92.64	7.93	6.52	1.29	2.13
	蔬菜	10.80	0.68	75.04	60.15	67.91	7.86	5.89	1.52	1.65
	园地	11.01	0.66	71.44	52.41	97.02	7.70	6.26	1.40	1.89
新立村	蔬菜	19.06	1.06	98.41	72.92	84.09	10.24	4.61	1.07	0.78
	园地	18.32	1.01	89.00	69.90	82.22	9.59	4.46	1.09	0.88
枣林庄	粮田	12.99	0.76	58.66	31.50	69.82	6.62	7.77	1.22	1.68
	蔬菜	12.99	0.76	65.44	26.97	74.47	6.63	7.43	1.21	1.69
	园地	12.71	0.73	65.97	19.59	75.78	6.33	7.76	1.20	1.68
赵家场	粮田	8.34	0.38	61.03	23.02	94.83	8.25	6.88	1.25	2.32
	蔬菜	7.36	0.44	49.20	22.11	88.82	8.48	6.42	1.25	2.07
	园地	8.41	0.51	58.48	24.02	91.94	8.28	6.61	1.24	2.16
周庄子	粮田	11.07	0.59	65.66	19.67	95.50	6.21	6.12	0.86	1.40
诸葛营	粮田	7.30	0.46	52.35	13.28	60.61	6.82	5.43	1.58	1.23
	蔬菜	7.47	0.38	49.81	14.73	63.05	7.20	6.05	1.30	1.62
	园地	9.65	0.65	62.99	38.12	153.86	7.58	4.23	1.70	0.92
北臧村镇平均值		10.12	0.60	66.13	35.66	89.94	7.94	5.57	1.23	1.37
					采育镇					
包头营	粮田	8.45	0.50	59.40	15.74	79.72	6.98	8.18	1.44	0.65
	蔬菜	10.20	0.55	59.46	17.91	81.45	6.98	8.55	1.44	0.67
	园地	8.74	0.50	59.00	13.98	79.68	7.02	8.56	1.46	0.64
北山东营	粮田	13.58	0.89	62.10	26.71	87.06	9.53	12.17	2.66	1.72
	蔬菜	14.14	0.91	63.73	30.22	93.20	9.68	12.17	2.63	1.61
	园地	13.73	0.90	68.17	32.99	121.57	9.55	12.31	2.56	1.93
大黑垡	粮田	13.93	0.86	62.37	28.29	157.23	7.27	15.19	2.29	1.07
	蔬菜	12.27	0.74	62.47	26.25	92.66	7.08	11.52	3.45	1.19
	园地	15.19	0.98	63.69	31.90	126.56	6.97	14.02	2.18	1.07
大里庄	粮田	10.76	0.75	60.77	13.29	108.28	9.12	14.30	3.43	1.88
	蔬菜	11.57	0.77	64.97	11.53	111.89	10.02	15.36	3.42	2.18
	园地	10.53	0.73	61.06	16.68	108.83	9.47	14.63	3.35	1.99
大皮营	粮田	11.24	0.68	61.18	18.63	83.14	7.07	8.94	1.56	0.73
	蔬菜	12.20	0.76	64.80	25.11	82.22	6.92	7.77	1.51	0.77
	园地	12.57	0.78	65.10	22.84	81.93	6.92	8.10	1.47	0.68

续表

权属名称	农田类型	有机质 / (g/kg)	全氮 / (g/kg)	碱解氮 / (mg/kg)	有效磷 / (mg/kg)	速效钾 / (mg/kg)	有效铁 / (mg/kg)	有效锰 / (mg/kg)	有效铜 / (mg/kg)	有效锌 / (mg/kg)
大同营	粮田	9.90	0.63	69.71	34.22	91.19	7.35	7.89	1.36	0.73
	蔬菜	10.35	0.70	73.50	37.58	88.96	7.55	8.17	1.38	0.71
	园地	11.69	0.78	72.22	21.92	86.81	7.38	8.24	1.38	0.67
东半壁店	粮田	12.34	0.90	75.87	6.08	98.44	8.69	12.83	2.97	1.85
	蔬菜	10.20	0.71	62.50	12.68	107.89	9.28	14.01	3.02	1.80
	园地	11.47	0.85	74.87	19.77	111.74	7.88	11.01	2.61	1.24
东潞洲	粮田	10.95	0.65	70.97	33.85	109.02	8.05	12.96	1.86	1.07
	蔬菜	11.53	0.68	70.31	31.68	93.35	8.13	13.09	1.88	1.08
	园地	12.56	0.88	72.31	41.68	91.12	7.96	13.75	1.82	0.95
凤河营	粮田	13.33	0.86	68.92	63.09	104.11	8.56	12.16	2.10	1.06
	蔬菜	13.75	0.95	76.11	129.33	116.88	8.36	12.57	2.07	1.08
	园地	13.25	0.83	68.69	46.41	110.22	8.63	11.85	1.97	1.01
广佛寺	粮田	11.92	0.74	84.34	42.00	112.17	7.03	7.10	1.30	0.75
	蔬菜	11.47	0.68	75.72	43.20	102.11	6.96	7.05	1.32	0.76
	园地	14.54	0.95	83.59	58.26	160.21	6.99	7.00	1.30	0.75
韩营	粮田	12.58	0.67	72.34	47.34	78.78	8.55	9.97	1.45	0.93
	蔬菜	12.59	0.84	72.29	50.62	70.75	9.48	10.86	1.49	1.03
	园地	11.72	0.78	67.57	31.43	73.50	8.96	10.86	1.46	0.96
后甫	粮田	10.36	0.72	67.31	13.54	108.19	13.69	23.15	2.92	2.82
	蔬菜	10.65	0.74	69.08	28.66	137.55	13.32	21.29	2.94	2.64
	园地	11.04	0.78	66.80	19.29	120.91	15.01	23.13	2.96	3.10
康营	粮田	13.36	0.84	76.88	27.37	101.19	8.75	12.15	2.28	1.32
	蔬菜	11.47	0.70	69.25	41.98	100.96	7.82	11.55	1.91	1.23
	园地	12.43	0.74	71.73	32.93	105.15	8.21	11.76	2.06	1.23
利市营	粮田	11.90	0.74	62.32	19.17	88.16	7.84	12.85	1.79	0.91
	蔬菜	9.99	0.56	57.95	28.40	86.90	7.87	13.18	1.81	0.97
	园地	11.82	0.76	65.06	22.26	76.13	7.29	12.45	1.67	0.77
龙门庄	蔬菜	17.81	1.10	88.21	19.73	158.25	13.60	18.50	2.99	3.67
	园地	17.09	1.04	87.21	18.75	173.03	11.59	15.88	2.63	2.83
罗庄（饽罗庄）	粮田	10.61	0.68	58.51	102.67	121.13	7.59	12.71	1.92	1.04
	蔬菜	11.33	0.75	79.41	78.63	106.72	6.68	9.12	1.71	0.70
	园地	10.60	0.71	63.44	88.19	120.71	7.01	10.92	1.82	1.02

续表

权属名称	农田类型	有机质/(g/kg)	全氮/(g/kg)	碱解氮/(mg/kg)	有效磷/(mg/kg)	速效钾/(mg/kg)	有效铁/(mg/kg)	有效锰/(mg/kg)	有效铜/(mg/kg)	有效锌/(mg/kg)
庙洼营	粮田	12.81	0.86	77.42	26.03	98.87	8.74	12.11	2.47	1.40
	蔬菜	9.69	0.72	64.81	37.11	69.20	9.27	11.46	1.63	0.79
	园地	9.90	0.67	65.11	43.76	74.14	9.21	12.21	1.68	0.80
倪家村	粮田	12.44	0.89	70.24	14.27	107.03	8.65	11.88	2.40	1.39
	园地	12.46	0.78	68.66	13.49	120.27	9.60	13.60	2.67	1.82
宁家湾	粮田	13.37	0.79	79.66	35.81	109.64	14.59	13.48	5.62	4.91
	蔬菜	12.98	0.77	77.63	32.17	136.82	14.32	12.70	5.19	4.27
	园地	13.43	0.84	79.28	37.28	142.95	14.54	13.09	5.39	4.57
潘铁营	粮田	10.76	0.66	57.24	16.67	115.25	7.36	8.85	1.78	1.01
	蔬菜	10.09	0.63	55.54	17.23	116.13	7.44	9.04	1.83	1.02
	园地	9.37	0.59	57.83	23.78	81.96	7.75	9.49	2.00	1.05
前甫	粮田	11.15	0.77	74.16	28.46	107.73	9.92	15.55	2.96	1.97
	蔬菜	11.59	0.82	75.29	24.92	96.29	11.58	17.82	3.24	2.49
	园地	11.61	0.78	71.38	20.35	97.92	9.79	15.05	3.07	1.96
沙窝店	粮田	9.30	0.60	52.47	38.46	156.04	6.85	9.66	1.72	1.00
	蔬菜	9.67	0.64	60.79	22.68	133.83	6.93	9.73	1.71	1.00
	园地	11.59	0.76	64.57	31.06	109.12	6.93	9.53	1.59	0.94
沙窝营	粮田	9.00	0.60	53.46	10.14	108.46	7.22	9.07	1.81	1.01
	蔬菜	11.52	0.62	54.99	16.83	101.49	7.71	9.66	2.08	1.21
	园地	11.21	0.69	64.43	20.28	151.54	7.36	9.48	1.94	1.13
山西营	粮田	9.23	0.59	62.16	12.62	97.56	6.71	7.37	1.37	0.53
	蔬菜	8.56	0.56	70.28	15.49	117.87	6.65	7.36	1.37	0.50
	园地	10.07	0.72	70.68	25.42	117.73	6.49	6.44	1.32	0.45
邵各庄	粮田	11.58	0.84	63.90	34.44	95.27	6.20	6.82	1.92	0.54
	蔬菜	10.28	0.76	68.71	26.00	134.84	6.54	8.63	2.47	1.03
	园地	10.47	0.77	73.06	15.65	144.77	6.99	9.52	2.67	1.23
施家坟	粮田	10.21	0.50	53.09	40.31	85.43	7.11	11.69	3.46	1.56
	园地	10.51	0.51	52.94	41.16	85.69	7.24	12.31	3.20	1.44
铜佛寺	粮田	11.58	0.72	85.46	34.70	95.03	7.16	7.70	1.36	0.80
	蔬菜	12.12	0.79	84.61	37.91	94.12	7.23	7.93	1.38	0.82
	园地	11.64	0.73	78.47	47.90	91.94	7.07	7.60	1.37	0.80
下黎城村	粮田	11.97	0.68	68.94	8.28	107.60	7.75	12.20	1.90	1.00
	蔬菜	13.93	0.85	85.21	25.01	91.93	8.73	12.65	1.71	1.03
	园地	14.14	0.95	88.68	13.86	109.00	7.95	12.65	1.91	0.96

续表

权属名称	农田类型	有机质/(g/kg)	全氮/(g/kg)	碱解氮/(mg/kg)	有效磷/(mg/kg)	速效钾/(mg/kg)	有效铁/(mg/kg)	有效锰/(mg/kg)	有效铜/(mg/kg)	有效锌/(mg/kg)
小皮营	粮田	13.65	0.83	64.28	11.05	112.85	7.76	12.45	1.77	0.89
	蔬菜	12.38	0.79	63.62	16.31	98.18	7.91	12.16	1.80	0.90
	园地	11.96	0.76	62.95	19.27	86.52	7.33	11.34	1.65	0.76
辛店	粮田	12.00	0.76	69.49	27.91	124.95	8.83	13.55	2.86	1.81
	蔬菜	11.27	0.71	60.89	31.68	97.40	7.08	10.24	3.28	1.42
辛庄营（蔡辛庄）	粮田	6.72	0.38	51.01	22.35	80.09	8.17	11.35	2.06	1.20
	蔬菜	11.56	0.70	56.52	24.17	104.41	7.50	9.60	1.94	1.05
	园地	8.10	0.55	55.95	21.01	84.77	8.04	10.52	2.16	1.28
延寿营	粮田	10.94	0.77	67.39	57.59	91.75	7.99	12.09	2.01	1.11
	蔬菜	10.24	0.68	64.85	47.59	89.48	7.50	11.62	1.82	1.00
	园地	11.88	0.74	68.52	39.93	96.45	7.93	11.95	2.04	1.10
杨堤	粮田	10.01	0.65	75.40	35.08	132.86	8.80	12.26	2.23	1.25
	园地	10.03	0.65	69.95	31.29	125.81	8.52	11.97	2.14	1.18
张各庄	粮田	12.84	0.79	76.64	15.54	104.76	7.78	11.38	2.00	1.11
	蔬菜	12.59	0.77	75.71	19.33	102.92	7.80	11.45	2.00	1.11
	园地	13.96	0.88	78.34	19.99	120.85	8.26	11.81	2.13	1.38
采育镇平均值		11.61	0.74	68.31	30.46	105.83	8.41	11.57	2.20	1.32
					礼贤镇					
柏树庄	粮田	9.38	0.62	66.39	37.36	87.94	10.02	10.27	3.59	2.25
	蔬菜	9.51	0.63	68.65	36.68	92.76	10.06	10.35	4.27	2.53
	园地	8.73	0.61	63.73	33.84	86.27	10.12	10.77	2.68	2.06
大马坊	粮田	12.29	0.69	17.82	15.81	97.93	3.07	66.13	0.70	30.63
	蔬菜	9.57	0.67	73.43	29.95	107.98	11.45	15.72	1.99	3.30
	园地	11.72	0.72	28.83	19.44	101.46	4.69	55.39	0.94	28.24
大辛庄	粮田	13.14	0.89	84.29	58.28	124.03	10.15	13.48	2.14	2.07
	蔬菜	14.44	1.02	97.82	105.68	139.00	11.51	15.72	3.11	3.17
	园地	13.03	0.88	87.43	72.65	120.36	9.86	15.12	2.09	2.08
佃子	粮田	11.43	0.80	68.58	30.60	101.37	9.65	12.73	1.11	1.31
	蔬菜	11.56	0.81	72.19	35.80	105.51	9.31	11.73	1.04	1.36
	园地	11.10	0.76	67.19	29.46	103.40	9.43	12.12	1.05	1.34
东安村	粮田	13.07	0.89	81.26	52.63	112.34	6.80	8.44	1.32	1.35
	蔬菜	13.15	0.90	81.57	53.88	111.55	6.87	8.33	1.24	1.25
	园地	11.90	0.80	70.35	40.66	110.03	6.73	8.32	1.35	1.42

续表

权属名称	农田类型	有机质/(g/kg)	全氮/(g/kg)	碱解氮/(mg/kg)	有效磷/(mg/kg)	速效钾/(mg/kg)	有效铁/(mg/kg)	有效锰/(mg/kg)	有效铜/(mg/kg)	有效锌/(mg/kg)
东白疃	粮田	12.86	0.87	79.23	38.39	100.13	8.42	11.04	1.37	1.10
	蔬菜	12.00	0.80	76.32	35.76	96.08	8.50	11.15	1.40	1.07
	园地	11.66	0.81	67.71	28.24	85.85	8.73	11.50	1.48	0.97
东段家务	粮田	13.23	0.85	75.45	51.60	112.87	12.04	11.61	1.37	1.24
	蔬菜	11.71	0.79	69.03	39.81	108.64	9.64	9.77	1.17	0.92
	园地	12.48	0.84	71.81	39.81	102.25	11.28	11.07	1.30	1.13
东黄垡	粮田	11.91	0.77	63.73	54.31	98.45	10.93	15.10	1.65	2.03
	蔬菜	12.27	0.78	68.22	54.80	98.23	10.73	16.06	1.55	1.90
	园地	12.84	0.92	74.71	49.46	101.46	10.98	15.77	1.63	2.04
东郏河	粮田	11.97	0.81	74.72	24.30	85.35	8.09	9.01	0.81	1.20
	蔬菜	11.71	0.77	72.68	26.74	85.93	8.21	9.11	0.79	1.23
	园地	10.84	0.75	62.71	52.27	97.17	8.51	9.20	0.77	1.39
东梁各庄	粮田	13.56	0.89	82.13	29.46	104.98	6.50	7.79	1.64	0.95
	蔬菜	13.52	0.89	80.43	30.61	103.22	6.47	7.52	1.67	0.93
	园地	13.20	0.87	79.21	30.22	105.74	6.52	7.75	1.66	0.94
董各庄	粮田	14.54	0.96	83.53	40.42	108.88	7.06	9.02	1.45	1.06
	蔬菜	14.34	0.97	81.71	36.65	106.49	6.96	9.57	1.55	1.05
	园地	14.26	0.96	82.50	35.56	108.27	6.89	9.16	1.61	1.00
河北头	粮田	11.60	0.77	66.19	38.47	93.43	10.55	13.10	1.31	1.16
	蔬菜	12.07	0.79	67.18	38.86	105.96	10.25	13.53	1.32	1.31
	园地	11.32	0.73	64.87	31.32	96.54	10.66	12.90	1.32	1.06
贺北	粮田	10.30	0.70	63.35	51.56	100.60	7.79	9.16	1.51	1.27
	蔬菜	10.64	0.71	61.97	54.62	103.74	8.00	9.46	1.63	1.36
	园地	10.23	0.70	58.99	47.98	94.35	8.15	9.60	1.69	1.33
贺南	粮田	12.46	0.87	87.35	41.84	99.53	8.45	14.45	1.72	1.49
	蔬菜	10.68	0.73	76.64	19.80	95.01	7.60	11.71	1.69	1.09
	园地	11.76	0.79	80.90	46.14	93.89	8.17	13.13	1.67	1.18
后杨各庄	粮田	10.90	0.82	71.13	44.25	86.92	8.47	10.56	0.85	2.24
	蔬菜	10.50	0.63	70.10	34.44	66.99	8.37	10.64	0.83	2.00
	园地	10.06	0.75	66.55	38.79	84.38	8.14	10.03	0.86	2.15
荆家务	粮田	9.72	0.66	71.84	34.52	86.69	10.81	11.56	2.50	3.24
	蔬菜	10.50	0.63	72.50	34.57	89.75	11.25	12.08	2.33	3.76
	园地	10.20	0.59	66.00	34.66	91.92	11.28	11.94	2.81	3.25

续表

权属名称	农田类型	有机质 / (g/kg)	全氮 / (g/kg)	碱解氮 / (mg/kg)	有效磷 / (mg/kg)	速效钾 / (mg/kg)	有效铁 / (mg/kg)	有效锰 / (mg/kg)	有效铜 / (mg/kg)	有效锌 / (mg/kg)
礼贤二村	粮田	13.83	0.83	78.82	34.36	112.32	8.76	10.64	1.62	1.28
	蔬菜	14.53	0.85	74.97	21.60	120.50	8.11	9.04	1.95	1.18
	园地	14.51	0.87	83.33	42.59	120.95	9.26	9.43	1.79	1.37
礼贤三村	粮田	11.73	0.80	77.50	26.60	99.87	10.31	13.22	1.17	1.96
	蔬菜	11.74	0.79	74.40	33.67	100.67	10.51	14.21	1.22	1.67
	园地	9.92	0.64	65.59	23.85	94.33	10.78	12.11	1.34	1.78
礼贤一村	粮田	12.72	0.88	77.63	61.14	88.68	9.45	12.92	1.27	1.83
	蔬菜	13.16	0.91	80.74	73.81	84.68	9.28	12.71	1.40	1.71
	园地	12.91	0.86	75.89	45.23	85.50	9.35	12.52	1.38	1.68
李各庄	粮田	10.68	0.73	76.96	42.99	88.27	12.00	13.56	1.40	2.40
	蔬菜	10.85	0.72	76.80	60.91	82.63	11.42	13.48	1.34	2.31
	园地	10.02	0.67	75.78	63.25	91.62	11.98	12.61	1.44	2.26
龙头	粮田	11.84	0.80	79.20	63.17	101.77	6.48	7.86	1.38	1.37
	蔬菜	12.06	0.82	80.66	77.17	114.32	6.80	8.03	1.44	1.51
	园地	11.45	0.77	76.78	65.59	99.30	6.48	7.97	1.44	1.42
内官庄	粮田	13.29	0.88	87.91	22.95	94.41	9.29	12.05	1.06	2.34
	蔬菜	14.58	1.03	97.95	38.73	95.17	8.90	11.29	0.99	2.46
	园地	13.99	0.95	107.09	29.20	87.02	9.01	11.47	1.03	2.28
平地	粮田	13.07	0.86	79.34	51.35	145.87	8.71	10.20	1.25	1.05
	蔬菜	13.43	0.85	81.70	83.14	137.02	8.63	10.14	1.27	1.05
	园地	12.80	0.83	81.20	57.41	147.90	8.83	9.85	1.25	1.02
祁各庄	粮田	12.21	0.77	85.16	45.11	98.42	8.02	8.73	1.01	1.07
	蔬菜	11.05	0.71	90.32	86.24	146.50	10.34	11.46	1.09	1.54
	园地	11.53	0.73	90.43	70.53	120.76	9.40	10.14	1.01	1.30
前杨各庄	粮田	11.47	0.78	76.08	47.79	85.28	8.47	9.76	0.83	1.87
	蔬菜	10.88	0.73	70.39	50.32	85.55	8.74	9.87	0.79	1.84
	园地	11.47	0.77	74.35	51.04	86.48	8.49	9.85	0.82	1.86
石柱子	粮田	12.29	0.83	76.34	44.92	107.15	8.05	11.18	1.33	1.24
	蔬菜	12.38	0.83	76.68	46.41	107.14	8.12	11.13	1.32	1.26
	园地	12.59	0.82	76.31	50.09	110.57	8.15	11.33	1.38	1.27
孙家营	粮田	14.08	0.78	77.30	49.93	120.88	9.70	14.19	1.34	1.98
	蔬菜	14.89	0.70	76.82	64.78	130.92	9.52	12.97	1.27	1.81
	园地	14.04	0.81	75.40	38.22	115.96	9.55	14.49	1.31	1.95

续表

权属名称	农田类型	有机质 / (g/kg)	全氮 / (g/kg)	碱解氮 / (mg/kg)	有效磷 / (mg/kg)	速效钾 / (mg/kg)	有效铁 / (mg/kg)	有效锰 / (mg/kg)	有效铜 / (mg/kg)	有效锌 / (mg/kg)
田家营	粮田	14.54	0.91	80.71	54.79	107.19	8.26	9.95	1.52	1.84
	蔬菜	14.11	0.86	78.02	44.38	102.55	8.14	9.77	1.31	1.54
	园地	14.81	0.86	82.63	51.79	105.68	8.09	9.63	1.38	1.60
王化庄	粮田	10.90	0.68	62.73	57.42	116.99	8.76	10.86	1.35	1.41
	蔬菜	11.47	0.71	63.39	48.86	101.38	8.67	10.85	1.26	1.51
	园地	10.21	0.65	62.01	38.71	101.46	9.00	10.85	1.61	1.43
王庄	粮田	10.65	0.76	68.22	57.60	92.56	5.99	8.11	1.24	0.85
	蔬菜	10.28	0.73	64.91	42.11	87.00	6.10	8.31	1.25	0.83
	园地	9.42	0.68	54.98	36.59	88.68	5.82	8.10	1.26	0.83
伍各庄	粮田	12.99	0.85	91.82	79.69	142.04	7.47	7.42	1.67	0.83
	蔬菜	12.11	0.84	96.43	99.55	138.18	7.51	7.46	1.44	0.74
	园地	11.54	0.89	99.32	86.92	157.36	7.54	7.19	1.70	0.80
西白疃	粮田	9.58	0.65	66.44	38.54	99.38	8.23	10.04	1.15	1.49
	蔬菜	10.14	0.72	69.90	51.23	96.07	8.00	9.68	1.10	1.40
	园地	9.70	0.67	67.48	45.30	96.72	7.97	9.73	1.08	1.56
西段家务	粮田	11.41	0.80	62.67	36.60	87.00	8.97	9.56	1.12	0.95
	蔬菜	11.03	0.80	59.11	36.99	86.33	8.23	8.97	1.02	0.83
	园地	10.96	0.81	57.95	35.85	86.03	7.97	8.78	0.98	0.77
西郏河	粮田	10.98	0.75	77.21	39.25	86.88	7.38	8.95	0.78	0.95
	蔬菜	11.10	0.76	76.51	47.53	89.90	7.45	9.06	0.76	0.94
	园地	11.34	0.80	76.38	45.85	91.92	7.39	8.98	0.81	1.09
西里河	粮田	12.25	0.85	83.19	59.20	117.34	7.89	10.54	1.24	1.34
	蔬菜	12.56	0.84	79.69	61.25	113.25	7.84	10.15	1.17	1.31
	园地	12.15	0.81	84.77	61.78	113.05	7.84	10.14	1.18	1.37
西梁各庄	粮田	11.95	0.73	72.42	31.99	106.46	7.11	7.70	1.57	1.16
	蔬菜	12.49	0.75	75.41	31.27	108.58	6.96	7.69	1.51	1.18
	园地	9.20	0.54	53.36	20.93	95.81	8.12	7.83	1.65	1.16
小刘各庄	粮田	12.56	0.79	75.02	65.61	127.11	9.44	13.10	1.36	1.72
	蔬菜	13.39	0.85	76.69	58.83	123.24	9.16	13.13	1.36	1.68
	园地	13.46	0.86	75.50	58.81	114.05	9.09	12.77	1.39	1.67

续表

权属名称	农田类型	有机质/(g/kg)	全氮/(g/kg)	碱解氮/(mg/kg)	有效磷/(mg/kg)	速效钾/(mg/kg)	有效铁/(mg/kg)	有效锰/(mg/kg)	有效铜/(mg/kg)	有效锌/(mg/kg)
小马坊	粮田	13.79	0.96	83.94	81.10	153.66	8.41	9.20	0.82	1.09
	蔬菜	15.94	1.00	92.78	138.12	190.80	7.96	8.64	0.83	0.97
	园地	14.86	1.00	91.24	121.10	155.74	8.21	8.89	0.90	1.00
辛家安	粮田	11.82	0.78	71.72	70.25	110.85	7.59	10.44	1.02	1.19
	蔬菜	11.33	0.74	73.55	72.55	108.41	7.18	9.62	0.94	1.21
	园地	12.35	0.83	60.98	77.09	116.24	7.35	10.52	1.07	1.32
苑南	粮田	11.96	0.85	87.21	77.50	121.41	7.12	8.80	0.94	0.68
	蔬菜	12.46	0.88	90.29	72.30	127.46	7.04	8.70	0.88	0.62
	园地	11.57	0.75	84.59	82.98	138.97	6.80	8.81	1.22	1.06
赵家园	粮田	15.93	0.94	70.60	38.57	120.18	10.45	12.82	1.37	1.67
	蔬菜	16.80	0.91	62.91	69.87	128.12	10.60	12.77	1.38	1.60
	园地	15.51	0.90	70.65	36.22	112.21	10.28	12.05	1.35	1.61
紫各庄	粮田	11.31	0.73	80.92	64.29	131.03	7.89	9.10	0.82	1.41
	蔬菜	11.45	0.72	77.52	55.42	111.27	7.74	8.81	0.79	1.42
	园地	10.59	0.66	82.69	54.53	137.38	7.33	8.68	0.84	1.14
礼贤镇平均值		12.10	0.80	74.87	49.56	106.78	8.60	11.45	1.37	1.94
庞各庄镇										
保安庄	粮田	7.05	0.48	67.22	43.82	64.93	9.94	7.26	1.28	0.95
	蔬菜	6.89	0.46	70.30	48.22	64.25	9.86	7.28	1.24	0.93
	园地	7.10	0.46	55.77	32.59	71.57	9.05	7.06	1.13	1.03
鲍家铺	园地	5.35	0.38	91.52	26.71	70.32	8.10	3.27	2.34	0.48
北曹各庄	粮田	13.11	0.82	71.64	82.68	212.78	8.55	6.51	2.90	1.40
	蔬菜	11.54	0.72	64.20	75.60	171.97	8.67	6.68	2.81	1.22
	园地	8.38	0.53	52.41	52.53	181.94	8.87	6.87	2.45	1.24
北顿垡	粮田	11.54	0.66	61.13	39.41	84.96	7.91	9.85	1.25	2.57
	蔬菜	11.89	0.66	61.89	38.14	86.43	7.75	9.59	1.20	2.60
	园地	11.22	0.63	60.18	31.67	84.71	7.98	9.47	1.23	2.44
北里渠	粮田	13.18	0.88	75.72	122.60	133.14	11.95	12.46	3.69	2.38
	蔬菜	13.78	0.86	81.78	117.82	126.25	12.20	12.38	4.01	2.20
	园地	13.10	0.92	70.76	151.52	136.25	12.20	13.10	3.58	2.77
北章客	蔬菜	5.77	0.30	34.24	17.62	64.53	10.97	6.54	0.93	1.27
	园地	6.23	0.34	44.05	12.96	72.99	10.51	5.22	1.20	1.05

续表

权属名称	农田类型	有机质/(g/kg)	全氮/(g/kg)	碱解氮/(mg/kg)	有效磷/(mg/kg)	速效钾/(mg/kg)	有效铁/(mg/kg)	有效锰/(mg/kg)	有效铜/(mg/kg)	有效锌/(mg/kg)
常各庄	粮田	13.30	0.83	96.21	27.80	101.45	8.63	9.56	1.91	0.98
	蔬菜	13.26	0.83	98.05	30.56	97.32	8.40	9.24	1.84	0.97
	园地	13.03	0.81	97.87	31.36	96.75	8.67	9.20	1.93	1.03
丁村	粮田	10.21	0.58	52.23	29.94	79.37	8.65	9.64	1.27	1.05
	蔬菜	11.01	0.65	54.17	39.46	83.72	8.86	10.91	1.37	1.14
	园地	9.83	0.58	49.41	30.47	83.33	8.80	9.63	1.26	1.07
定福庄	粮田	11.13	0.72	61.66	38.13	98.68	7.85	9.29	1.54	0.98
	蔬菜	10.75	0.72	61.53	45.78	103.97	7.91	9.41	1.49	0.97
	园地	9.39	0.67	58.05	29.83	82.07	8.20	9.38	1.45	0.89
东高各庄	粮田	11.81	0.69	70.57	62.26	80.63	6.72	8.25	1.13	1.28
	蔬菜	12.25	0.72	71.86	63.73	78.34	6.71	8.18	1.14	1.34
	园地	11.64	0.71	65.40	67.72	81.17	6.84	8.29	1.13	1.30
东黑垡	粮田	13.28	0.89	74.84	46.75	110.09	8.94	11.46	1.51	1.40
	蔬菜	13.92	0.93	79.56	50.94	113.42	8.79	11.46	1.48	1.38
	园地	13.04	0.86	75.19	50.12	104.74	8.68	11.27	1.43	1.29
东梨园	粮田	9.80	0.66	61.41	79.29	88.93	9.39	10.93	1.66	1.67
	蔬菜	9.46	0.68	61.11	85.61	88.26	9.14	10.88	1.58	1.79
	园地	10.04	0.69	63.80	91.15	91.21	9.43	11.02	1.67	1.70
东南次	粮田	11.26	0.71	84.62	28.33	82.28	8.84	11.49	1.91	1.35
	蔬菜	12.06	0.75	77.72	26.16	88.17	8.56	11.18	1.84	1.35
	园地	11.34	0.71	73.77	29.59	87.82	8.62	11.31	1.91	1.31
东义堂	粮田	14.78	0.85	78.98	63.24	107.01	9.15	9.05	2.16	1.45
	蔬菜	15.03	0.87	78.58	81.80	106.11	9.23	8.86	2.23	1.26
	园地	14.72	0.80	76.11	67.51	94.77	9.49	8.83	2.14	1.20
东中堡	粮田	14.54	0.78	89.37	71.41	66.25	6.89	7.38	1.53	1.55
	蔬菜	13.63	0.71	82.30	59.71	65.08	6.62	6.81	1.41	1.53
	园地	13.04	0.69	81.54	61.21	61.96	6.72	6.92	1.45	1.50
坟上（福上）	粮田	9.53	0.77	83.64	33.42	69.33	8.60	8.97	1.83	0.88
	蔬菜	9.75	0.79	85.15	38.39	74.54	8.55	8.29	1.80	1.05
	园地	9.52	0.83	72.54	62.59	85.42	8.42	7.38	1.86	1.17
韩家铺	蔬菜	6.76	0.29	46.98	21.43	90.23	10.38	5.67	1.01	1.16
	园地	7.83	0.39	51.72	25.10	99.61	9.42	5.68	1.16	1.11
河南村	园地	11.00	0.58	62.09	35.05	98.14	8.55	9.61	1.69	1.07

续表

权属名称	农田类型	有机质/(g/kg)	全氮/(g/kg)	碱解氮/(mg/kg)	有效磷/(mg/kg)	速效钾/(mg/kg)	有效铁/(mg/kg)	有效锰/(mg/kg)	有效铜/(mg/kg)	有效锌/(mg/kg)
加禄垡	粮田	10.88	0.69	61.35	32.71	87.67	7.72	10.44	1.28	0.85
	蔬菜	11.04	0.70	62.56	34.11	91.09	7.74	10.52	1.27	0.84
	园地	10.91	0.67	58.91	34.40	83.53	7.82	10.38	1.25	0.94
梨花村	粮田	7.76	0.43	48.97	27.15	95.18	8.39	9.27	1.41	1.02
	蔬菜	6.55	0.38	42.15	19.26	106.48	8.73	8.13	1.32	1.17
	园地	6.89	0.41	50.30	18.54	94.49	8.71	8.53	1.33	1.27
李家巷	粮田	9.26	0.67	63.92	64.96	102.66	8.88	9.85	1.31	1.94
	蔬菜	9.58	0.69	63.98	67.57	103.49	8.75	10.25	1.35	1.82
	园地	9.40	0.67	63.12	67.03	100.53	8.80	10.05	1.34	1.89
李家窑	粮田	16.24	0.95	89.77	97.38	117.15	6.45	9.35	1.20	2.66
	蔬菜	18.62	1.07	103.83	89.12	97.88	6.44	10.00	1.17	3.13
	园地	17.53	0.99	95.63	76.73	95.48	6.45	9.41	1.16	2.92
梁家务	粮田	14.55	0.85	66.41	39.27	97.79	8.45	10.10	1.64	1.37
	蔬菜	14.71	0.86	69.58	35.85	98.80	8.36	9.75	1.65	1.33
	园地	14.09	0.81	66.15	41.38	98.33	8.53	10.09	1.59	1.39
留民庄	粮田	9.98	0.58	58.79	39.52	119.90	12.48	7.80	1.32	1.56
	蔬菜	9.80	0.56	58.10	46.43	135.45	14.13	8.12	1.35	1.53
	园地	9.53	0.54	57.34	38.22	130.51	13.71	8.25	1.41	1.30
民生村	粮田	16.93	0.87	86.13	53.71	110.06	10.18	10.85	2.42	1.13
	蔬菜	16.86	0.87	85.46	59.18	117.65	10.75	11.36	3.38	1.42
	园地	16.70	0.86	82.49	58.65	108.60	10.45	11.18	2.87	1.26
南曹各庄	粮田	12.23	0.67	83.52	75.67	146.37	7.54	7.72	2.03	1.35
	蔬菜	11.20	0.66	74.09	61.24	147.11	7.52	7.54	2.33	1.36
	园地	9.80	0.64	62.84	48.94	137.73	8.10	6.79	2.88	1.43
南地	蔬菜	5.69	0.18	34.13	61.27	83.53	14.31	6.28	2.14	1.89
	园地	6.78	0.32	41.98	35.77	84.21	12.74	6.67	1.79	1.59
南顿垡	粮田	10.31	0.76	68.07	53.81	107.44	8.46	10.77	1.26	0.99
	蔬菜	11.17	0.82	71.14	66.98	108.81	8.62	10.78	1.29	0.98
	园地	10.48	0.79	69.26	65.35	110.85	8.81	10.85	1.31	0.91
南李渠	粮田	13.92	0.95	88.35	80.23	110.45	11.55	10.37	4.04	1.01
	蔬菜	14.37	0.90	111.38	110.04	99.99	12.74	11.38	5.24	1.14
	园地	14.58	0.91	95.67	132.44	106.25	12.30	11.09	4.76	1.21
南小营	粮田	10.55	0.74	69.88	48.57	92.08	8.14	9.59	1.38	1.00
	蔬菜	10.30	0.72	66.66	41.52	84.04	7.98	9.48	1.34	0.89
	园地	9.93	0.68	66.97	39.62	90.73	7.82	9.38	1.27	0.85

续表

权属名称	农田类型	有机质/(g/kg)	全氮/(g/kg)	碱解氮/(mg/kg)	有效磷/(mg/kg)	速效钾/(mg/kg)	有效铁/(mg/kg)	有效锰/(mg/kg)	有效铜/(mg/kg)	有效锌/(mg/kg)
南义堂	粮田	12.72	0.71	72.60	26.51	101.71	9.68	9.51	1.40	2.05
	蔬菜	13.04	0.71	72.41	27.21	102.50	9.90	9.44	1.46	1.95
	园地	13.80	0.76	77.45	25.46	119.00	9.68	9.48	1.42	2.01
南园子	粮田	8.87	0.50	55.03	22.35	78.48	9.01	8.98	1.32	1.89
	蔬菜	9.51	0.54	57.59	23.15	81.04	9.04	8.85	1.31	1.96
	园地	11.16	0.67	64.63	22.31	81.59	9.56	8.99	1.39	1.83
南章客	园地	5.94	0.30	32.79	33.93	81.66	12.72	6.09	1.42	1.27
四各庄	粮田	8.99	0.62	64.66	82.71	107.08	9.05	8.20	1.57	2.10
	蔬菜	9.66	0.73	70.50	99.89	125.13	9.25	7.84	1.44	2.16
	园地	10.52	0.74	70.29	110.12	93.62	9.31	8.97	1.81	2.36
宋各庄	粮田	12.58	0.72	83.86	58.81	96.19	12.23	11.06	4.85	1.05
	蔬菜	13.31	0.77	86.34	48.99	84.55	11.19	10.68	4.29	1.01
	园地	14.29	0.83	86.16	44.65	86.93	9.60	10.32	3.44	1.11
孙场	粮田	10.27	0.66	71.98	52.54	119.13	7.53	6.22	1.02	1.40
	蔬菜	10.63	0.67	67.00	33.82	80.03	8.08	6.85	1.40	1.16
	园地	10.90	0.69	64.83	37.55	93.57	8.05	7.42	1.53	1.41
田家窑	粮田	8.11	0.56	60.79	46.99	104.86	9.13	8.06	1.28	1.06
	蔬菜	9.12	0.70	75.98	71.62	115.06	8.91	8.49	1.48	1.21
	园地	9.10	0.73	80.43	81.45	104.19	9.09	8.42	1.57	1.20
王家场	粮田	11.24	0.76	72.65	26.38	97.77	7.28	9.59	1.21	0.97
	蔬菜	11.32	0.76	72.70	27.84	99.71	7.32	9.56	1.20	1.01
	园地	11.36	0.75	73.98	28.73	103.34	7.42	9.76	1.21	0.97
西高各庄	粮田	9.09	0.50	62.67	26.52	66.89	6.25	7.25	1.07	1.52
	蔬菜	9.48	0.55	65.49	35.05	61.63	6.27	7.05	1.07	1.76
	园地	10.38	0.61	65.23	34.97	67.87	6.10	6.92	1.09	1.81
西黑垡	粮田	12.43	0.93	79.98	33.90	113.66	8.88	10.99	1.75	1.60
	蔬菜	12.25	0.97	80.61	33.29	108.78	8.83	10.82	1.68	1.85
	园地	11.79	0.96	81.46	34.67	107.07	8.89	10.64	1.68	1.91
西梨园	粮田	12.35	0.86	78.50	76.43	87.24	8.95	10.07	1.63	1.67
	蔬菜	12.71	0.99	74.06	75.56	109.33	8.12	9.16	1.33	1.61
	园地	11.55	0.90	70.19	69.64	104.01	8.51	9.86	1.42	1.68

续表

权属名称	农田类型	有机质/(g/kg)	全氮/(g/kg)	碱解氮/(mg/kg)	有效磷/(mg/kg)	速效钾/(mg/kg)	有效铁/(mg/kg)	有效锰/(mg/kg)	有效铜/(mg/kg)	有效锌/(mg/kg)
西南次	粮田	11.38	0.78	78.20	40.74	95.93	8.71	10.84	1.88	1.30
	蔬菜	10.81	0.73	72.12	33.09	95.12	8.71	11.02	1.95	1.26
	园地	10.43	0.69	68.56	32.75	88.48	8.74	11.20	2.02	1.22
西义堂	粮田	13.82	0.73	88.50	41.65	76.65	11.40	9.90	1.82	1.47
	蔬菜	13.59	0.70	88.67	42.57	75.02	11.52	9.97	1.91	1.46
	园地	13.76	0.72	86.27	36.35	76.39	11.56	10.04	1.79	1.57
西中堡	粮田	13.07	0.73	108.04	42.81	177.88	6.23	7.67	1.32	1.53
	蔬菜	13.46	0.68	87.59	53.32	82.87	6.73	7.34	1.47	1.47
	园地	14.16	0.77	107.83	49.30	163.00	6.60	8.25	1.50	1.63
小庄	蔬菜	9.17	0.58	57.90	23.37	75.06	7.10	6.40	0.79	0.87
	园地	6.99	0.44	53.58	23.25	64.03	7.17	5.99	0.73	0.88
薛营	粮田	13.73	0.80	78.87	49.37	110.89	8.77	11.03	1.37	1.81
	蔬菜	13.69	0.78	79.04	50.75	103.65	9.67	10.80	1.58	1.68
	园地	13.41	0.76	78.48	37.54	98.37	8.89	10.86	1.63	1.50
钥匙头	粮田	9.92	0.68	57.93	75.57	86.14	9.97	11.13	1.76	1.29
	蔬菜	10.18	0.72	60.53	79.53	94.09	10.03	11.25	1.79	1.34
	园地	9.82	0.71	59.76	66.51	96.58	9.95	11.08	1.80	1.40
永定河管理所	粮田	7.81	0.44	61.73	42.60	101.72	6.10	6.46	1.01	0.82
张公堡	粮田	13.28	0.88	73.26	37.45	93.54	9.05	11.39	1.66	1.54
	蔬菜	13.76	0.90	70.81	42.75	98.16	9.20	11.58	1.67	1.60
	园地	13.51	0.90	72.81	46.61	93.65	8.84	11.27	1.60	1.51
张新庄	粮田	12.09	0.72	65.05	61.11	90.47	8.51	8.87	1.18	1.67
	蔬菜	11.36	0.70	68.01	53.44	90.63	8.40	8.36	1.18	1.79
	园地	11.17	0.62	66.69	47.29	90.10	8.51	8.06	1.18	1.88
赵村	粮田	11.03	0.68	92.65	57.07	98.19	8.17	8.88	1.82	1.72
	蔬菜	10.74	0.67	90.53	54.50	95.99	8.33	8.81	1.80	1.76
	园地	9.75	0.62	77.48	50.91	80.25	9.48	8.11	1.43	1.25
庞各庄镇平均值		11.29	0.70	71.09	50.98	98.20	8.95	9.17	1.73	1.44
					青云店镇					
北店	粮田	17.78	1.03	34.05	101.33	100.72	6.79	12.52	4.56	1.69
	园地	17.47	1.13	49.56	71.93	70.73	7.63	10.40	2.55	0.97
北辛屯	蔬菜	18.73	1.12	86.61	112.28	110.84	7.45	11.00	10.13	4.89
	园地	16.51	1.12	75.82	71.11	68.77	8.48	10.54	3.81	1.36

续表

权属名称	农田类型	有机质/(g/kg)	全氮/(g/kg)	碱解氮/(mg/kg)	有效磷/(mg/kg)	速效钾/(mg/kg)	有效铁/(mg/kg)	有效锰/(mg/kg)	有效铜/(mg/kg)	有效锌/(mg/kg)
北野场	粮田	16.27	1.01	86.03	84.00	84.41	5.76	9.58	7.07	1.45
	蔬菜	18.20	0.98	120.66	98.01	93.91	9.32	10.31	5.40	1.80
	园地	17.69	0.99	117.61	93.20	88.19	8.11	10.06	5.72	1.72
曹村	粮田	17.44	1.08	31.89	93.61	93.15	7.75	11.18	2.79	2.12
	园地	16.95	1.12	36.58	80.74	80.00	7.96	10.08	2.45	1.71
大谷店	粮田	11.57	0.80	61.94	58.32	101.17	8.01	9.34	2.41	1.79
	蔬菜	12.50	0.91	62.75	70.56	94.73	8.25	9.64	2.51	1.79
	园地	11.36	0.79	66.42	56.36	114.06	7.68	9.13	2.23	1.75
大回城	粮田	19.65	1.02	142.89	79.97	119.72	13.25	14.64	5.70	5.26
	蔬菜	19.85	0.91	152.40	77.36	111.52	15.06	14.31	9.66	4.94
	园地	19.37	0.99	129.80	69.03	122.37	13.48	14.78	7.40	4.90
大张本庄	粮田	12.34	0.76	64.86	49.06	82.68	8.86	8.46	1.58	1.80
	蔬菜	13.74	0.88	75.36	51.91	90.37	9.51	8.63	1.72	1.92
	园地	13.44	0.88	70.17	52.96	88.95	9.56	8.52	1.72	1.80
东鲍辛庄	粮田	11.07	0.77	61.49	44.64	93.79	7.72	9.27	2.93	2.46
	蔬菜	12.62	0.92	58.70	64.81	75.51	8.49	10.59	3.67	3.04
	园地	10.19	0.68	58.53	43.45	97.77	7.02	8.64	2.43	2.12
东大屯	粮田	21.40	1.02	45.58	160.99	158.96	10.11	14.32	3.27	2.77
	蔬菜	23.00	1.02	53.06	178.54	175.92	11.12	15.08	3.33	3.28
	园地	21.01	1.03	43.38	146.86	145.76	9.35	14.12	3.58	2.62
东店	粮田	13.42	0.81	87.93	105.05	106.32	8.08	9.14	1.61	0.93
	蔬菜	13.72	0.94	86.77	107.91	131.79	8.10	10.39	1.89	1.50
	园地	14.87	0.98	91.57	119.41	128.54	8.10	10.33	1.73	1.35
东回城	粮田	18.68	1.16	167.42	91.48	99.07	13.67	11.90	5.55	5.69
	蔬菜	17.84	0.99	117.96	63.67	103.49	11.35	13.07	4.05	4.75
	园地	18.33	1.07	136.35	75.14	102.73	12.40	12.99	4.67	5.20
东孙村	粮田	8.74	0.56	52.84	53.27	129.33	5.96	6.57	0.94	0.98
	蔬菜	8.94	0.71	51.33	51.55	108.05	6.07	6.32	0.88	1.00
	园地	8.56	0.56	53.03	50.75	124.53	5.97	6.54	0.94	0.98
东辛屯	粮田	17.77	1.01	98.69	35.77	113.97	10.15	14.12	3.49	3.35
	蔬菜	17.61	1.01	91.79	26.91	114.24	9.25	13.77	3.02	2.53
	园地	18.51	1.01	70.57	72.03	145.52	10.77	14.85	4.81	3.05

续表

权属名称	农田类型	有机质/(g/kg)	全氮/(g/kg)	碱解氮/(mg/kg)	有效磷/(mg/kg)	速效钾/(mg/kg)	有效铁/(mg/kg)	有效锰/(mg/kg)	有效铜/(mg/kg)	有效锌/(mg/kg)
东赵村	粮田	17.32	0.92	85.87	65.83	76.63	11.27	9.25	1.99	1.44
	蔬菜	17.25	0.92	87.40	66.13	74.53	11.45	9.26	1.98	1.45
	园地	16.92	0.94	85.44	60.88	92.28	10.84	9.03	1.87	1.61
二村三	粮田	19.36	1.33	104.71	200.43	205.32	7.91	14.28	2.13	2.80
	蔬菜	16.91	1.12	88.03	141.16	231.62	7.04	11.99	1.87	2.06
	园地	17.69	1.25	91.84	161.94	179.07	7.28	13.28	1.99	2.38
二村一	粮田	18.11	1.19	103.34	173.17	186.73	8.05	13.38	2.02	2.46
	蔬菜	18.14	1.20	100.19	143.40	178.15	8.05	13.88	2.13	2.68
	园地	18.19	1.26	101.26	152.85	184.92	8.04	13.82	2.08	2.64
垡上	粮田	14.45	1.08	45.70	70.04	94.43	8.42	8.59	1.98	3.67
	蔬菜	15.25	1.12	33.12	93.20	98.21	7.59	8.75	2.08	6.14
	园地	14.39	1.08	45.48	71.52	91.33	8.46	8.51	1.99	3.67
垡上营	粮田	15.43	0.89	81.87	74.89	101.97	18.09	11.89	3.65	6.10
	蔬菜	15.17	0.96	89.16	70.90	95.21	15.40	10.71	3.34	5.75
	园地	16.17	0.95	87.64	85.37	104.17	15.87	11.01	3.20	5.59
高庄	粮田	12.79	0.83	79.45	31.18	98.98	8.13	10.16	1.89	1.80
	蔬菜	13.19	0.89	83.79	25.17	103.30	8.42	10.05	1.90	1.77
	园地	12.67	0.86	79.97	28.63	97.83	8.28	10.06	1.90	1.83
顾庄	粮田	17.64	1.01	90.49	49.03	111.60	8.83	12.80	2.51	1.74
	蔬菜	17.52	1.02	95.27	42.16	108.03	9.57	13.45	2.63	1.94
	园地	18.12	1.02	98.08	41.02	113.67	9.16	13.31	2.65	2.01
霍洲营	粮田	16.05	1.05	79.99	80.56	86.98	8.32	10.83	1.93	1.70
	蔬菜	16.89	1.12	78.96	90.66	93.56	8.16	9.41	1.80	1.03
	园地	14.51	0.97	80.08	85.76	92.38	8.36	9.99	1.80	1.49
解州营	粮田	15.13	1.06	84.95	75.06	123.26	8.33	9.91	1.87	1.25
	蔬菜	14.21	1.05	87.73	79.05	147.23	9.00	10.58	1.95	1.62
	园地	14.64	1.02	83.68	75.84	127.01	8.42	10.37	1.85	1.40
老观里	粮田	20.37	1.01	57.47	139.96	154.92	10.83	14.67	3.86	3.03
	蔬菜	18.29	1.02	57.04	132.87	148.41	9.53	14.17	2.81	2.49
	园地	21.29	1.01	52.00	151.23	162.69	11.45	14.91	4.25	3.14
六村	粮田	7.37	0.80	50.88	73.56	74.37	6.18	6.24	0.82	0.96
	蔬菜	12.47	0.80	60.61	70.04	172.14	6.27	7.13	0.96	0.99
	园地	9.28	0.72	49.76	52.56	118.29	6.14	7.96	1.19	1.02

续表

权属名称	农田类型	有机质/(g/kg)	全氮/(g/kg)	碱解氮/(mg/kg)	有效磷/(mg/kg)	速效钾/(mg/kg)	有效铁/(mg/kg)	有效锰/(mg/kg)	有效铜/(mg/kg)	有效锌/(mg/kg)
马凤岗	粮田	11.88	0.96	53.91	57.39	87.74	8.36	10.87	3.12	2.57
	蔬菜	12.52	1.00	57.94	65.74	75.35	8.72	10.47	3.80	3.18
	园地	11.61	0.92	55.19	56.51	80.62	8.40	10.09	3.10	2.58
泥营	粮田	13.46	1.02	66.94	44.05	89.33	9.32	8.43	1.87	1.26
	蔬菜	13.68	1.05	64.31	46.15	91.82	9.39	8.34	1.85	1.23
	园地	13.12	1.05	65.79	48.15	83.85	9.37	8.43	1.86	1.15
三村二	粮田	14.67	0.95	62.05	55.60	91.22	6.94	11.73	2.09	1.17
	蔬菜	16.25	1.00	62.93	56.12	94.52	6.43	11.61	2.07	1.37
	园地	15.06	0.95	70.96	50.13	94.17	7.68	12.00	2.20	1.12
三村三	粮田	15.39	1.02	51.06	84.00	102.56	5.84	13.04	1.79	1.46
	蔬菜	17.51	1.03	44.84	109.26	114.33	6.58	12.41	2.16	1.86
	园地	15.51	1.04	47.66	108.97	115.29	6.41	13.50	1.86	1.60
三村一	粮田	15.85	0.97	77.33	39.80	109.77	7.09	12.54	2.11	1.66
	蔬菜	16.83	0.97	83.33	41.35	115.53	7.50	12.76	2.24	2.03
	园地	16.64	0.97	82.06	45.33	119.04	7.65	13.09	2.26	2.24
沙堆营	粮田	14.60	1.16	111.81	71.33	80.18	15.00	9.68	3.46	4.54
	蔬菜	13.85	1.22	121.04	72.44	74.69	11.34	8.71	2.93	3.32
	园地	14.34	1.19	120.06	73.68	76.12	12.30	9.18	3.13	3.68
沙子营	粮田	11.83	0.87	51.93	56.31	96.97	6.72	10.22	1.49	1.31
	蔬菜	12.22	0.91	48.70	56.97	92.63	6.68	10.13	1.47	1.29
	园地	12.16	0.93	47.97	61.56	95.04	6.69	10.25	1.51	1.25
尚庄	粮田	19.57	1.00	60.40	114.47	117.25	10.24	13.52	2.68	1.71
	蔬菜	16.16	1.07	46.84	113.73	113.65	7.55	13.33	2.04	2.01
	园地	16.68	1.00	61.51	95.23	105.27	8.87	12.60	2.41	1.82
石州营	粮田	15.36	0.88	88.50	74.89	112.46	8.92	11.27	2.39	2.27
	蔬菜	16.33	0.93	90.10	69.27	122.92	8.72	12.43	2.42	2.56
	园地	16.34	0.93	90.22	70.36	124.98	8.67	12.35	2.34	2.41
四村	粮田	12.31	1.01	41.70	121.81	123.03	5.97	11.71	1.60	0.91
	蔬菜	11.45	1.02	39.79	129.02	133.12	5.84	11.39	1.54	0.79
	园地	11.43	1.00	40.73	112.91	122.94	5.99	10.83	1.52	0.86
寺上	粮田	14.13	1.11	65.25	72.15	81.56	9.63	8.02	1.84	0.92
	蔬菜	14.57	1.03	74.43	69.98	82.99	10.03	8.43	1.83	1.26
	园地	14.49	1.03	72.80	69.10	84.44	10.14	8.42	1.82	1.32

续表

权属名称	农田类型	有机质/(g/kg)	全氮/(g/kg)	碱解氮/(mg/kg)	有效磷/(mg/kg)	速效钾/(mg/kg)	有效铁/(mg/kg)	有效锰/(mg/kg)	有效铜/(mg/kg)	有效锌/(mg/kg)
太平庄	粮田	8.56	0.58	61.49	26.67	120.46	5.74	6.03	1.21	1.24
	蔬菜	8.78	0.64	61.68	21.12	118.45	5.84	6.17	1.40	1.37
	园地	9.40	0.65	67.34	25.00	121.73	5.90	6.14	1.45	1.42
五村	蔬菜	24.03	1.30	96.03	164.85	359.70	6.16	7.63	1.13	1.01
	园地	9.86	0.73	50.57	66.70	114.71	6.14	8.46	1.27	1.03
西鲍辛庄	粮田	9.78	0.65	64.85	26.90	112.29	7.87	9.11	2.50	1.91
	蔬菜	9.40	0.58	63.66	20.06	118.39	6.40	7.56	1.91	1.74
	园地	9.18	0.55	61.32	19.38	116.68	6.45	7.77	2.08	1.93
西大屯	粮田	17.14	1.10	30.28	109.32	108.69	7.77	10.52	2.43	4.94
	蔬菜	17.08	1.12	29.10	113.80	112.96	7.72	10.35	2.38	5.82
	园地	18.15	1.11	32.55	123.64	124.30	8.41	11.28	2.51	5.11
西杭子	粮田	13.84	0.97	78.27	58.03	97.64	8.21	9.38	2.13	1.35
	蔬菜	14.07	1.02	68.86	70.01	98.26	8.04	9.69	2.20	1.41
	园地	14.14	1.05	68.38	71.74	95.55	8.04	9.79	2.27	1.47
小谷店	蔬菜	9.20	0.60	60.31	46.86	138.13	6.45	8.27	1.21	1.40
	园地	9.09	0.63	61.18	39.32	129.21	6.34	7.86	1.22	1.40
小铺头	蔬菜	14.82	1.11	71.01	71.81	75.95	9.29	8.54	1.90	0.96
	园地	14.76	1.10	72.54	71.58	77.05	9.16	8.63	1.93	0.90
小张本庄	粮田	8.69	0.61	66.71	32.19	71.12	7.86	8.98	1.72	2.14
	蔬菜	9.85	0.72	66.09	31.81	78.56	8.02	8.71	1.65	1.80
	园地	9.48	0.69	65.74	33.29	75.58	8.10	8.64	1.62	1.64
孝义营	粮田	15.37	0.97	90.57	78.37	93.31	8.97	10.69	2.09	2.22
	蔬菜	16.25	1.00	93.91	74.81	92.49	9.20	11.25	2.20	2.62
	园地	15.89	0.99	95.53	72.14	91.75	9.37	11.13	2.30	2.70
杨各庄	粮田	14.10	1.05	47.43	72.84	104.66	7.44	9.73	1.85	3.65
	蔬菜	13.47	0.97	60.30	53.64	102.93	7.54	9.42	1.77	2.71
	园地	14.22	1.03	51.06	66.10	104.40	7.51	9.62	1.82	3.40
一村	蔬菜	13.67	0.80	67.55	88.99	240.21	6.41	8.82	1.35	1.40
	园地	10.29	0.66	62.32	63.88	124.88	6.53	9.83	1.56	1.57
枣林村	蔬菜	13.72	1.12	63.27	72.88	78.60	9.87	8.03	1.90	0.90
	园地	13.99	1.12	56.16	75.93	81.77	10.03	7.87	1.91	0.97
中大屯	粮田	20.75	1.04	35.98	153.53	153.67	9.66	13.50	2.73	2.21
	蔬菜	21.11	1.05	43.23	157.53	155.25	9.99	13.68	2.81	2.73
	园地	20.43	1.02	27.86	145.30	145.09	9.27	13.92	3.06	2.10

续表

权属名称	农田类型	有机质/(g/kg)	全氮/(g/kg)	碱解氮/(mg/kg)	有效磷/(mg/kg)	速效钾/(mg/kg)	有效铁/(mg/kg)	有效锰/(mg/kg)	有效铜/(mg/kg)	有效锌/(mg/kg)
青云店镇平均值		14.93	0.96	71.96	78.34	112.80	8.64	10.57	2.52	2.24
					团河农场					
团河农场	粮田	14.46	0.70	97.96	90.88	90.95	11.33	9.41	1.68	2.47
	蔬菜	14.70	0.71	86.41	94.80	94.82	11.35	9.50	1.78	2.49
	园地	14.50	0.69	93.61	93.71	93.61	11.39	9.54	1.77	2.50
团河农场平均值		14.55	0.70	92.66	93.13	93.13	11.36	9.48	1.74	2.49
					魏善庄镇					
半壁店	粮田	8.83	0.53	59.89	76.05	71.08	7.57	4.41	1.12	1.13
	蔬菜	9.09	0.55	63.67	77.54	81.17	7.62	4.35	0.94	1.07
	园地	7.28	0.43	54.31	50.86	62.73	7.17	4.56	0.81	1.24
北田各庄	粮田	9.43	0.66	89.76	60.52	62.14	8.70	7.45	1.61	3.12
	蔬菜	9.37	0.64	81.90	53.68	60.53	9.21	7.90	1.83	3.48
	园地	9.68	0.70	86.01	42.33	63.51	9.80	8.32	1.76	3.30
北研垡	粮田	11.09	0.76	69.09	52.65	67.16	6.76	8.64	1.81	2.83
	蔬菜	11.43	0.84	72.93	82.36	77.74	7.07	8.34	1.88	2.99
	园地	10.92	0.73	71.04	60.73	67.28	6.79	8.56	1.82	2.82
查家马坊	粮田	10.33	0.73	76.39	56.74	96.31	7.99	9.04	2.12	2.92
	蔬菜	9.28	0.63	72.19	43.85	83.91	7.74	8.90	1.93	2.49
	园地	9.86	0.66	72.81	56.21	94.81	7.97	9.29	2.05	2.55
陈各庄	粮田	8.82	0.59	67.50	49.29	76.93	8.11	6.38	0.96	1.88
崔家庄	粮田	10.08	0.56	68.82	19.75	86.89	7.28	9.70	1.49	1.43
	蔬菜	9.91	0.49	65.88	30.91	101.16	7.33	9.12	1.39	1.53
	园地	9.67	0.57	64.98	25.48	101.74	7.32	9.05	1.42	1.51
大狼垡	粮田	9.27	0.72	63.21	43.91	81.21	8.30	8.74	1.04	1.67
	蔬菜	9.22	0.71	65.34	46.48	76.54	7.82	8.65	1.07	1.54
	园地	8.91	0.65	63.80	30.04	83.64	7.86	8.92	1.11	1.61
大刘各庄	粮田	8.59	0.60	70.36	25.17	78.36	8.88	8.04	1.28	1.42
	蔬菜	8.90	0.58	72.08	23.73	73.68	9.26	8.51	1.27	1.43
	园地	8.17	0.59	57.43	41.18	79.01	8.89	7.38	1.32	1.40
东芦垡	粮田	12.95	0.85	101.07	28.00	81.90	7.75	10.08	1.66	1.57
	蔬菜	12.04	0.82	100.54	24.71	69.49	7.49	9.35	1.53	1.30
	园地	11.84	0.81	101.51	19.74	76.96	7.48	9.55	1.63	1.59

续表

权属名称	农田类型	有机质 / (g/kg)	全氮 / (g/kg)	碱解氮 / (mg/kg)	有效磷 / (mg/kg)	速效钾 / (mg/kg)	有效铁 / (mg/kg)	有效锰 / (mg/kg)	有效铜 / (mg/kg)	有效锌 / (mg/kg)
东南研堡	粮田	11.34	0.60	65.05	25.74	81.57	7.02	7.04	1.34	1.47
	蔬菜	11.03	0.60	65.31	28.79	84.15	6.98	6.90	1.34	1.44
	园地	10.06	0.57	61.92	25.63	73.12	7.30	6.81	1.29	1.50
东沙窝	粮田	9.04	0.54	56.00	37.02	67.12	8.14	6.32	1.13	1.82
	蔬菜	9.06	0.58	68.33	30.21	67.77	7.85	5.87	1.03	1.59
	园地	9.34	0.66	74.63	23.00	61.92	7.25	6.06	1.09	1.58
东枣林	粮田	7.36	0.42	51.33	28.70	54.31	7.32	6.80	1.55	3.16
	蔬菜	7.21	0.42	51.70	21.55	53.31	7.24	6.77	1.53	2.95
	园地	8.23	0.47	53.31	25.07	54.11	7.36	6.60	1.44	3.14
韩村	粮田	15.35	0.96	113.29	53.26	78.75	8.31	10.43	1.99	1.83
	蔬菜	17.16	0.82	144.16	41.18	68.23	7.98	8.98	1.86	1.38
	园地	14.91	0.86	117.05	47.75	77.13	8.37	10.50	2.03	1.86
河北辛庄	粮田	10.73	0.71	73.67	18.24	75.75	6.89	7.14	1.22	1.37
	蔬菜	10.21	0.56	80.54	18.95	84.22	6.60	6.62	1.09	1.45
	园地	11.04	0.66	78.28	28.67	73.24	6.70	6.43	1.24	1.79
河南辛庄	粮田	11.06	0.63	63.65	55.10	103.38	8.24	8.28	1.96	2.53
	蔬菜	11.77	0.69	66.23	66.75	111.48	8.32	7.96	2.07	2.78
	园地	11.41	0.66	68.02	43.37	85.62	8.23	7.63	2.01	2.65
后苑上	粮田	12.79	0.85	89.74	35.55	71.83	11.86	9.29	1.94	3.21
	蔬菜	13.45	0.88	90.08	27.63	101.11	11.93	9.01	2.08	3.26
	园地	13.28	0.90	89.85	35.14	80.76	12.00	9.44	2.01	3.44
李家场	粮田	9.33	0.64	50.93	31.08	81.51	9.19	6.81	1.24	1.82
	蔬菜	6.23	0.58	54.60	22.53	78.28	8.74	6.35	1.05	1.71
	园地	8.63	0.70	46.21	57.10	97.12	8.97	6.61	1.14	1.77
刘家场	粮田	11.73	0.78	96.27	23.53	109.70	8.52	8.45	1.67	2.09
	蔬菜	16.21	0.77	131.55	98.12	162.97	8.69	8.60	1.57	2.47
	园地	13.16	0.72	112.96	63.90	120.45	8.80	8.36	1.55	2.31
穆园子	粮田	12.91	0.90	75.33	97.01	90.05	8.39	7.95	2.06	2.98
	园地	12.42	0.85	73.22	100.16	78.02	8.71	7.78	2.13	3.24
南田各庄	粮田	9.21	0.60	62.90	58.63	62.34	7.15	6.36	1.15	2.18
	蔬菜	9.25	0.64	60.20	53.85	72.99	8.38	7.17	1.22	2.28
	园地	9.47	0.71	59.27	68.54	77.74	9.35	7.54	1.28	2.46

续表

权属名称	农田类型	有机质/(g/kg)	全氮/(g/kg)	碱解氮/(mg/kg)	有效磷/(mg/kg)	速效钾/(mg/kg)	有效铁/(mg/kg)	有效锰/(mg/kg)	有效铜/(mg/kg)	有效锌/(mg/kg)
王各庄	粮田	10.08	0.69	78.30	28.47	88.82	7.44	8.31	1.64	1.48
	蔬菜	10.50	0.76	79.43	29.68	82.35	8.71	9.19	2.22	2.45
	园地	10.51	0.75	69.27	39.01	83.16	7.73	8.65	1.66	1.52
魏善庄	粮田	13.02	0.74	90.47	53.46	64.07	7.97	7.59	1.49	1.94
	蔬菜	13.00	0.74	96.55	42.88	69.50	9.59	8.35	1.57	2.53
	园地	14.45	0.89	85.36	65.17	80.62	8.89	8.90	1.62	2.28
魏庄	粮田	10.20	0.73	70.62	25.61	59.00	7.54	7.25	0.92	1.54
	蔬菜	9.29	0.62	57.66	34.52	61.42	7.42	6.73	0.98	1.68
	园地	8.05	0.49	47.85	40.63	65.50	7.13	5.96	1.01	1.69
西芦垡	粮田	14.35	0.86	97.34	22.17	82.23	7.29	8.53	1.48	1.78
	蔬菜	14.04	0.88	101.32	23.37	75.53	7.25	8.46	1.47	1.75
	园地	15.28	1.05	100.37	25.49	82.15	7.11	8.51	1.52	1.76
西南研垡	粮田	11.09	0.70	65.59	67.19	81.58	7.43	6.43	1.06	1.65
	蔬菜	11.01	0.74	73.59	78.31	81.63	7.65	6.33	1.07	1.66
	园地	9.81	0.73	59.92	65.53	83.76	7.35	6.37	1.08	1.66
西沙窝	粮田	13.11	0.87	86.54	26.19	118.30	7.51	7.25	1.14	1.63
	蔬菜	13.09	0.89	83.85	22.11	120.76	7.60	7.39	1.12	1.61
	园地	10.39	0.69	71.19	25.33	96.63	7.37	6.29	1.00	1.53
西枣林	粮田	7.41	0.55	55.75	28.54	61.48	8.25	5.99	1.60	2.89
	蔬菜	8.14	0.49	52.48	22.66	62.17	8.19	5.98	1.60	2.89
	园地	7.01	0.42	52.63	28.68	63.59	7.99	5.81	1.46	2.57
羊坊	粮田	12.29	0.77	99.88	76.00	76.06	7.37	9.43	1.76	1.82
	蔬菜	11.55	0.81	81.90	55.13	93.64	8.46	9.72	1.92	2.54
	园地	13.27	0.83	77.59	63.37	96.66	9.35	8.67	1.80	2.28
伊庄	粮田	10.64	0.74	86.59	25.29	95.76	8.42	10.68	2.08	1.97
	蔬菜	10.39	0.70	85.01	29.15	90.77	8.39	10.71	2.06	1.96
	园地	12.29	0.79	89.92	25.10	100.08	8.48	10.94	2.08	2.02
岳家务	粮田	9.59	0.62	58.76	41.92	56.03	7.34	5.47	1.16	1.88
	蔬菜	9.26	0.56	56.33	57.15	62.32	7.22	5.29	1.11	1.85
	园地	8.12	0.55	51.47	54.60	72.71	7.02	5.09	0.99	1.65
张家场	粮田	11.63	0.76	54.21	56.57	79.64	7.04	6.55	1.13	1.69
	蔬菜	10.99	0.59	56.52	60.05	84.50	8.15	6.22	1.10	1.99
	园地	10.75	0.65	57.80	52.74	86.39	7.79	6.31	1.12	1.81

续表

权属名称	农田类型	有机质 / (g/kg)	全氮 / (g/kg)	碱解氮 / (mg/kg)	有效磷 / (mg/kg)	速效钾 / (mg/kg)	有效铁 / (mg/kg)	有效锰 / (mg/kg)	有效铜 / (mg/kg)	有效锌 / (mg/kg)
赵庄子	粮田	13.13	0.76	68.56	47.40	91.96	6.89	7.54	1.60	1.62
	蔬菜	10.87	0.59	67.21	32.10	78.84	6.91	7.53	1.51	1.54
	园地	10.61	0.59	61.87	34.66	81.81	6.80	7.24	1.47	1.52
魏善庄镇平均值		10.74	0.69	74.28	43.22	80.72	8.00	7.72	1.48	2.04
					榆垡镇					
曹辛庄	粮田	10.37	0.53	6.68	8.38	87.30	0.86	60.73	0.52	42.20
	蔬菜	10.37	0.55	6.65	8.55	90.62	0.84	60.48	0.53	53.42
	园地	10.37	0.46	6.38	7.35	97.77	0.84	54.12	0.43	32.66
崔指挥营	粮田	13.98	0.39	7.76	13.04	89.52	1.09	57.89	0.39	18.96
	蔬菜	12.18	0.37	8.27	9.08	87.87	1.25	61.33	0.41	20.56
	园地	14.63	0.36	6.59	18.17	87.84	1.01	42.49	0.32	17.55
崔庄屯	粮田	11.41	0.51	8.30	8.48	127.71	0.99	52.70	0.39	29.61
	蔬菜	11.43	0.56	8.38	9.03	139.46	1.09	54.75	0.40	30.66
	园地	11.94	0.42	7.89	7.66	95.14	1.06	45.55	0.39	24.94
大练庄	粮田	11.12	0.66	40.82	45.06	102.19	6.81	23.07	0.90	18.48
	蔬菜	11.18	0.59	33.10	30.69	96.21	5.36	28.60	0.78	25.34
	园地	9.88	0.57	45.48	34.34	99.07	7.93	14.98	1.05	9.41
邓家屯	粮田	15.94	0.97	78.69	40.92	190.36	8.75	10.88	1.54	1.30
	蔬菜	15.03	0.91	74.50	61.25	192.23	9.25	11.01	1.44	1.29
	园地	14.65	0.87	84.43	56.05	183.83	9.30	10.79	1.41	1.23
东胡林	蔬菜	10.37	0.23	7.37	5.32	63.46	1.41	33.65	0.70	23.84
	园地	32.99	28.54	7.88	5.70	80.21	1.37	35.34	0.65	25.13
东麻各庄	粮田	13.20	0.75	68.28	34.60	197.45	9.92	11.31	1.27	1.34
	蔬菜	12.41	0.75	70.35	26.81	158.82	9.39	10.37	1.26	1.28
	园地	13.29	0.75	66.26	36.25	191.84	9.96	11.42	1.31	1.33
东宋各庄	粮田	11.44	0.73	9.09	12.75	137.66	2.00	62.55	0.44	33.23
	蔬菜	11.15	0.60	8.91	10.68	141.35	1.79	55.86	0.43	25.08
	园地	10.23	0.73	9.07	12.74	160.47	1.87	61.62	0.40	44.40
东瓮各庄	粮田	12.56	0.75	65.79	37.32	139.42	9.47	11.25	1.55	1.27
	蔬菜	13.77	0.88	69.98	40.37	133.31	9.16	11.02	1.57	1.19
	园地	13.26	0.77	66.63	31.69	152.66	9.43	11.18	1.43	1.20

续表

权属名称	农田类型	有机质/(g/kg)	全氮/(g/kg)	碱解氮/(mg/kg)	有效磷/(mg/kg)	速效钾/(mg/kg)	有效铁/(mg/kg)	有效锰/(mg/kg)	有效铜/(mg/kg)	有效锌/(mg/kg)
东张华	粮田	14.09	0.35	7.47	5.77	69.45	0.87	39.29	0.37	8.76
	蔬菜	10.37	0.37	7.70	5.87	74.65	0.86	41.25	0.37	10.56
	园地	10.37	0.36	7.54	5.89	72.38	0.85	41.49	0.37	12.55
东庄营	粮田	13.99	0.53	20.57	11.47	87.94	4.44	46.55	0.92	14.94
	蔬菜	11.57	0.54	19.28	9.84	98.44	4.25	51.44	0.81	16.26
	园地	11.33	0.51	10.81	9.24	93.43	3.54	52.67	0.60	14.98
公各庄	粮田	10.07	0.56	8.20	8.84	121.47	1.55	60.69	0.45	47.62
	园地	10.35	0.52	8.08	8.36	165.96	1.53	56.44	0.43	65.37
郭家务	粮田	12.22	0.65	7.08	10.31	104.07	1.14	52.71	0.57	30.66
	蔬菜	8.96	0.65	6.88	10.30	89.87	1.16	64.77	0.57	63.14
	园地	11.49	0.68	7.20	10.51	93.72	1.27	58.82	0.55	30.66
黄各庄	粮田	8.43	0.50	48.44	22.97	98.06	7.48	15.44	1.23	5.69
	蔬菜	8.60	0.58	36.42	20.34	95.97	5.72	34.37	0.88	17.22
	园地	9.52	0.68	35.52	19.96	88.78	5.22	39.55	0.85	23.43
景家场	粮田	13.94	0.87	72.08	24.52	134.37	8.27	9.04	1.44	0.93
	蔬菜	15.67	1.00	74.82	41.93	196.22	8.61	9.61	1.52	1.03
	园地	14.57	0.87	73.65	24.04	123.33	8.13	9.26	1.38	0.97
康张华	粮田	10.37	0.35	6.99	6.08	80.37	1.18	50.14	0.51	28.75
	蔬菜	10.37	0.33	6.99	5.69	76.30	1.13	46.42	0.49	22.91
	园地	10.37	0.35	7.07	6.11	80.94	1.17	50.74	0.49	26.38
刘各庄	粮田	13.33	0.80	7.98	13.50	120.53	1.11	67.08	0.49	22.05
	蔬菜	13.56	0.73	8.21	12.52	108.70	1.06	73.63	0.49	29.51
	园地	13.43	0.78	8.10	13.34	118.09	1.12	67.03	0.49	22.41
刘家铺	粮田	8.60	0.51	57.17	48.38	87.67	7.69	8.78	1.59	1.09
	蔬菜	9.12	0.49	54.97	59.03	84.00	8.53	10.53	2.16	1.17
	园地	13.82	0.93	87.35	186.11	151.81	7.90	9.38	1.77	1.11
留士庄	粮田	11.93	0.71	72.28	28.56	127.57	9.31	10.63	1.79	1.32
	蔬菜	11.44	0.69	71.23	29.18	114.02	9.21	10.35	1.72	1.38
	园地	11.19	0.68	71.93	28.68	131.65	9.32	10.78	1.78	1.41
履磕村	粮田	9.93	0.61	55.30	40.05	89.40	8.04	7.94	1.33	1.16
	蔬菜	9.37	0.58	50.97	37.07	94.18	8.11	7.31	1.30	1.14
	园地	9.43	0.57	50.37	33.06	97.28	8.16	7.61	1.31	1.17

续表

权属名称	农田类型	有机质/(g/kg)	全氮/(g/kg)	碱解氮/(mg/kg)	有效磷/(mg/kg)	速效钾/(mg/kg)	有效铁/(mg/kg)	有效锰/(mg/kg)	有效铜/(mg/kg)	有效锌/(mg/kg)
马家屯	粮田	10.37	0.35	9.83	5.97	161.31	1.56	51.88	0.57	18.16
	蔬菜	10.37	0.29	10.09	4.80	131.31	1.62	47.31	0.61	19.50
	园地	10.37	0.30	10.03	5.13	113.64	1.45	50.68	0.57	28.87
南各庄	粮田	12.55	0.82	31.98	29.84	176.57	4.50	60.65	0.91	28.91
	蔬菜	11.50	0.73	41.17	18.69	189.39	5.02	52.01	0.97	19.98
	园地	11.83	0.79	50.61	27.42	147.74	5.94	44.11	1.16	17.18
南张华	粮田	15.15	0.54	8.83	8.90	193.31	1.37	58.57	0.52	39.12
	蔬菜	23.13	0.44	8.60	8.14	166.76	1.26	51.81	0.50	32.44
	园地	25.38	0.41	8.68	7.64	144.89	1.32	49.79	0.51	31.19
求贤村	粮田	10.91	0.57	9.08	8.98	102.59	1.44	52.43	0.41	37.40
	蔬菜	10.26	0.57	8.16	8.98	92.33	1.49	51.74	0.35	46.39
	园地	9.68	0.63	9.68	9.30	96.21	1.48	59.14	0.37	51.08
十里铺	粮田	30.94	0.34	9.93	5.90	67.68	1.12	36.77	0.55	18.31
	蔬菜	21.95	0.28	11.77	5.80	51.62	1.20	27.03	0.55	34.82
	园地	16.92	0.27	11.24	6.32	57.36	1.13	31.37	0.51	37.09
石垡	粮田	8.09	0.52	55.20	27.57	78.48	7.60	8.76	1.51	0.95
	蔬菜	8.06	0.51	54.40	36.97	79.23	7.53	8.74	1.51	0.91
	园地	7.41	0.43	50.81	39.55	73.40	8.29	8.16	1.66	0.94
孙各庄	粮田	14.03	0.85	81.55	51.64	188.16	9.79	11.76	1.58	1.47
	蔬菜	14.24	0.92	84.72	76.79	179.31	11.18	13.83	2.15	2.24
	园地	13.67	0.76	78.75	41.56	185.23	9.28	11.40	1.45	1.28
太子务	粮田	8.93	0.49	35.13	18.41	83.21	6.75	19.71	1.18	8.25
	蔬菜	9.38	0.58	29.73	16.67	76.30	5.82	23.19	0.97	15.14
	园地	10.16	0.50	19.43	13.33	88.41	3.51	33.04	0.66	19.05
王家屯	粮田	10.37	0.78	8.95	9.18	179.26	1.36	63.02	0.42	36.87
	蔬菜	10.37	0.73	8.95	10.34	205.98	1.42	71.07	0.48	39.97
	园地	10.37	0.63	9.09	8.92	154.23	1.49	70.46	0.50	40.34
魏各庄	粮田	12.56	0.80	65.54	45.94	135.24	8.09	10.11	1.46	1.18
	蔬菜	12.82	0.86	66.31	40.10	128.37	8.13	10.41	1.52	1.26
	园地	12.43	0.85	66.38	36.86	129.26	7.97	10.27	1.45	1.23
西胡林	粮田	9.56	0.31	7.90	4.96	62.50	1.90	32.01	0.44	68.65
	园地	9.66	0.46	7.99	8.14	87.87	1.61	47.62	0.47	37.54

续表

权属名称	农田类型	有机质/(g/kg)	全氮/(g/kg)	碱解氮/(mg/kg)	有效磷/(mg/kg)	速效钾/(mg/kg)	有效铁/(mg/kg)	有效锰/(mg/kg)	有效铜/(mg/kg)	有效锌/(mg/kg)
西黄垡	粮田	11.53	0.83	67.91	42.49	98.48	8.99	10.59	1.70	1.78
	蔬菜	12.14	0.91	64.63	52.65	101.17	9.25	11.06	1.68	2.14
	园地	12.19	0.91	65.12	57.04	102.01	8.89	11.27	1.67	1.97
西麻各庄	粮田	11.23	0.63	54.90	25.32	77.13	10.21	12.22	1.62	1.35
	蔬菜	11.57	0.63	55.22	21.44	77.96	10.40	12.37	1.56	1.36
	园地	9.18	0.40	42.04	22.78	84.47	9.81	11.49	1.69	1.31
西麻林场	粮田	9.68	0.69	55.62	69.33	106.20	10.27	10.37	1.26	1.30
	蔬菜	9.95	0.75	55.01	58.36	111.61	9.91	9.79	1.33	1.35
	园地	7.78	0.39	42.18	31.50	76.91	9.39	10.65	1.78	1.33
西宋各庄	粮田	10.25	0.71	8.49	11.34	241.91	1.57	61.49	0.41	36.72
	蔬菜	11.33	0.72	8.35	10.94	346.06	1.46	64.20	0.44	22.25
	园地	9.35	0.64	8.58	10.35	236.34	1.67	62.42	0.48	63.78
西瓮各庄	粮田	11.09	0.73	63.53	39.15	129.39	8.15	10.10	1.38	1.08
	蔬菜	11.63	0.76	62.11	20.34	131.03	8.27	10.26	1.42	1.12
	园地	10.72	0.70	63.87	34.95	147.55	8.47	10.21	1.46	1.07
西张华	粮田	15.09	0.29	8.30	5.35	72.89	0.69	38.13	0.33	27.46
	蔬菜	17.90	0.26	8.28	5.36	64.75	0.72	38.13	0.34	27.11
	园地	18.65	0.27	8.32	5.47	65.42	0.71	38.01	0.33	26.76
乡渔场	蔬菜	48.78	0.26	8.77	7.29	104.08	0.86	43.34	0.38	29.25
	园地	10.37	0.47	8.68	7.26	73.58	0.90	45.42	0.37	46.19
小黑垡（南黑垡）	粮田	15.52	0.55	7.81	8.88	86.95	1.07	54.62	0.34	28.52
	蔬菜	18.28	0.49	8.03	8.08	86.79	1.42	52.29	0.37	22.51
	园地	30.94	0.47	8.26	7.12	93.19	1.57	48.17	0.37	18.98
小黄垡	粮田	12.38	0.85	63.39	42.36	108.11	9.15	11.14	1.78	1.30
	蔬菜	11.59	0.83	75.18	52.23	118.24	8.10	10.39	1.43	1.25
	园地	13.70	0.95	76.48	53.11	127.68	9.65	11.32	1.79	1.50
辛安庄	粮田	10.37	0.45	8.63	6.55	125.60	0.85	48.61	0.37	23.38
	蔬菜	10.37	0.44	9.03	6.70	135.88	0.81	47.83	0.39	18.10
	园地	10.37	0.41	9.13	6.77	94.61	0.98	51.47	0.43	43.56
辛庄	粮田	9.55	0.52	25.42	22.66	108.23	3.48	40.86	0.63	37.93
	蔬菜	9.58	0.53	32.06	28.29	110.65	4.48	34.03	0.73	30.66
	园地	9.51	0.59	50.46	46.59	116.86	7.74	16.26	1.12	10.50

续表

权属名称	农田类型	有机质/(g/kg)	全氮/(g/kg)	碱解氮/(mg/kg)	有效磷/(mg/kg)	速效钾/(mg/kg)	有效铁/(mg/kg)	有效锰/(mg/kg)	有效铜/(mg/kg)	有效锌/(mg/kg)
新桥村	粮田	13.86	1.03	80.79	87.86	123.16	14.70	17.58	2.95	3.44
	蔬菜	12.93	0.90	74.68	89.42	114.67	14.19	16.29	2.59	2.91
	园地	13.59	0.95	75.18	64.56	115.96	12.79	15.45	2.32	2.58
闫家铺	粮田	12.83	0.53	8.79	9.05	97.63	1.31	48.77	0.39	25.63
	蔬菜	13.36	0.57	8.88	9.58	97.29	1.34	50.43	0.40	22.53
	园地	10.29	0.69	9.78	10.25	104.27	1.41	55.04	0.44	67.14
阎家场	粮田	9.01	0.54	69.03	65.39	105.97	7.11	8.07	1.32	1.04
	蔬菜	8.73	0.58	69.00	76.53	113.12	7.13	8.19	1.35	1.03
	园地	8.58	0.56	64.27	134.69	291.78	7.88	9.28	1.60	1.13
榆垡	粮田	14.26	0.83	65.45	28.05	159.76	7.47	14.93	1.22	4.80
	蔬菜	6.80	0.33	44.59	24.37	126.99	9.40	8.74	1.29	1.23
	园地	13.50	0.71	65.08	23.23	148.72	8.08	12.73	1.25	2.53
朱家务	粮田	12.95	0.30	8.34	5.92	63.86	3.05	40.74	0.48	10.23
	蔬菜	10.78	0.31	8.45	6.02	57.10	2.22	41.24	0.43	10.84
	园地	15.61	0.35	8.28	6.88	64.71	2.31	43.44	0.44	11.24
榆垡镇平均值		12.58	0.80	34.36	25.75	118.60	4.92	33.17	0.96	17.92
长子营镇										
安场	粮田	12.40	0.72	66.05	20.42	126.59	8.34	14.75	3.10	1.85
	蔬菜	15.08	0.92	66.35	17.19	129.00	8.44	15.01	3.14	1.91
	园地	15.27	0.98	66.41	15.84	126.95	10.34	14.87	3.36	2.04
白庙	粮田	12.09	0.96	91.88	28.80	129.78	10.02	12.88	4.34	8.43
	蔬菜	11.62	0.96	91.39	37.03	123.38	9.87	12.30	4.04	8.15
	园地	11.82	0.95	93.98	38.39	117.79	9.82	12.24	4.04	8.25
北蒲州营	粮田	15.29	1.02	88.77	49.66	162.47	10.92	14.48	5.09	8.63
	蔬菜	14.40	1.05	86.00	95.49	151.18	10.22	14.38	4.57	7.84
	园地	14.25	0.94	101.24	36.07	142.82	10.59	14.26	4.49	7.06
北泗上	粮田	12.63	0.77	73.88	28.22	115.10	14.78	14.65	2.64	1.85
	蔬菜	14.27	0.98	85.78	55.86	185.77	12.05	14.72	2.07	1.22
	园地	14.33	0.93	89.52	50.88	133.86	13.17	15.01	2.31	1.57
北辛庄	粮田	14.15	0.85	68.38	39.59	125.66	13.14	16.87	2.41	1.69
	蔬菜	11.80	0.82	64.97	31.97	117.02	16.83	16.08	2.72	2.08
	园地	12.25	0.84	70.83	39.14	114.75	15.12	16.54	2.65	1.91

续表

权属名称	农田类型	有机质/(g/kg)	全氮/(g/kg)	碱解氮/(mg/kg)	有效磷/(mg/kg)	速效钾/(mg/kg)	有效铁/(mg/kg)	有效锰/(mg/kg)	有效铜/(mg/kg)	有效锌/(mg/kg)
饽罗庄（罗庄）	粮田	9.07	0.80	62.44	34.89	73.83	9.02	11.29	2.21	1.73
	蔬菜	9.01	0.70	64.06	56.67	97.27	7.92	12.01	1.78	1.52
	园地	7.91	0.63	56.56	39.24	85.67	8.43	10.78	1.95	1.67
车固营	粮田	13.66	0.91	80.90	73.75	188.67	9.49	13.19	2.63	2.90
	蔬菜	14.31	1.05	84.77	115.19	192.38	9.49	13.31	3.06	4.44
	园地	13.11	0.89	78.75	70.98	202.72	10.51	12.89	3.02	3.54
赤鲁	粮田	8.21	0.56	61.78	35.19	93.80	7.13	7.21	0.88	0.76
	园地	8.06	0.40	47.85	30.64	83.87	7.14	6.39	0.96	0.72
东北台	粮田	12.20	0.80	65.70	40.53	112.86	7.92	12.61	1.50	0.93
	蔬菜	11.14	0.72	62.52	39.74	103.03	8.22	12.11	1.49	0.90
	园地	9.04	0.57	56.22	54.07	103.45	7.42	11.55	1.36	0.75
窦庄	粮田	13.28	1.07	89.82	47.93	104.16	10.19	14.09	3.06	4.63
	蔬菜	13.73	0.79	83.66	74.40	114.66	10.51	15.08	2.99	3.96
	园地	13.76	1.01	96.06	65.22	116.71	12.99	14.51	3.23	4.86
公合庄	粮田	10.34	0.74	58.88	54.36	157.01	7.69	12.72	2.51	2.07
	蔬菜	11.04	0.82	73.24	34.92	102.75	8.45	10.22	2.89	2.34
	园地	10.71	0.82	60.92	50.35	129.77	7.85	12.75	2.60	2.14
合顺场	粮田	7.56	0.46	51.63	75.06	89.45	7.79	6.20	1.16	0.98
	蔬菜	6.84	0.42	50.30	33.00	83.38	7.72	6.14	1.04	0.74
	园地	7.35	0.52	54.88	32.14	101.50	8.29	6.06	1.07	0.74
河津营	粮田	12.99	0.74	69.65	32.93	119.28	10.38	15.33	2.95	3.26
	蔬菜	13.97	0.75	75.75	43.02	120.50	9.91	15.68	2.49	2.56
	园地	13.37	0.69	67.78	33.79	114.84	9.76	15.65	2.79	2.94
靳七营	粮田	14.18	0.89	91.48	78.56	131.17	13.87	15.74	2.66	2.41
	园地	12.35	0.81	78.38	59.15	119.53	13.84	15.08	2.87	2.91
李堡	粮田	8.16	0.63	55.61	12.27	103.65	7.91	11.14	1.58	0.71
	蔬菜	7.58	0.52	50.72	15.11	87.68	7.91	8.94	1.27	0.65
	园地	8.53	0.63	58.59	17.34	106.98	8.08	9.89	1.33	0.69
李家务	粮田	17.08	1.02	83.22	46.89	109.53	14.39	16.54	2.54	2.83
	蔬菜	17.05	1.03	93.51	36.77	108.18	12.45	15.46	2.21	1.68
	园地	16.45	0.92	81.92	38.74	108.97	13.47	16.22	2.35	2.13

续表

权属名称	农田类型	有机质/(g/kg)	全氮/(g/kg)	碱解氮/(mg/kg)	有效磷/(mg/kg)	速效钾/(mg/kg)	有效铁/(mg/kg)	有效锰/(mg/kg)	有效铜/(mg/kg)	有效锌/(mg/kg)
留民营	粮田	12.77	0.72	101.67	42.33	94.01	18.64	15.28	5.59	9.07
	蔬菜	15.56	1.11	134.04	111.67	138.15	26.24	13.16	4.92	9.72
	园地	13.81	0.91	90.32	68.85	115.98	20.25	12.47	4.13	6.67
潞城营	粮田	14.24	0.94	78.34	47.66	119.22	13.77	13.82	5.68	5.72
	蔬菜	13.28	0.93	71.27	26.10	110.62	12.75	13.25	5.23	4.55
	园地	14.29	0.96	77.75	45.35	113.56	13.55	13.33	5.40	4.90
南蒲州营	粮田	18.54	0.93	137.40	131.22	170.50	12.19	17.81	7.20	11.98
	蔬菜	14.39	1.08	99.12	146.29	163.23	9.33	14.78	3.93	5.99
	园地	15.00	0.91	107.85	117.74	157.65	9.74	15.21	4.41	6.81
牛坊	粮田	15.57	0.88	68.86	21.52	106.62	11.89	17.90	2.47	2.27
	蔬菜	18.50	1.02	92.04	45.32	255.34	10.08	14.99	2.00	1.23
	园地	14.91	0.89	74.53	30.38	104.13	9.73	16.94	2.22	1.70
沁水营	粮田	16.41	1.01	89.75	89.12	118.98	13.15	17.21	2.41	2.31
	蔬菜	15.78	0.91	91.58	73.17	123.92	13.29	17.05	2.51	2.67
	园地	15.61	0.91	86.72	74.54	118.53	12.10	16.95	2.31	2.22
上黎城	粮田	12.82	0.88	68.71	16.85	118.01	11.83	13.74	4.59	4.48
	蔬菜	12.85	0.85	67.30	18.18	115.19	11.60	13.77	4.41	4.51
	园地	13.27	0.88	67.38	17.53	112.70	11.30	13.73	4.29	4.10
上长子营	粮田	14.88	0.63	70.59	30.49	93.44	11.78	17.59	2.22	2.20
	蔬菜	15.29	0.68	70.70	58.68	103.85	7.91	16.91	1.93	1.97
	园地	14.72	0.75	71.91	61.58	102.86	8.09	16.74	2.21	2.62
孙庄	粮田	13.32	0.81	78.74	32.29	84.29	7.02	16.42	2.08	1.01
	蔬菜	11.59	0.68	66.97	40.37	98.74	7.34	16.55	2.18	1.01
	园地	12.28	0.71	69.44	25.01	95.01	7.13	16.12	2.24	1.05
佟庄	粮田	15.24	0.89	79.21	31.17	107.42	8.77	12.72	3.73	2.06
	蔬菜	14.85	0.82	72.51	36.19	117.74	7.50	13.19	3.50	1.76
	园地	14.20	0.78	74.85	39.60	101.94	8.94	13.37	3.75	2.13
西北台	粮田	11.02	0.73	72.31	67.36	98.85	9.89	12.69	1.86	0.89
	蔬菜	10.94	0.81	75.07	48.64	101.69	9.81	11.51	1.82	0.89
	园地	10.94	0.76	71.73	65.51	99.72	8.41	12.04	1.88	0.83
下长子营	粮田	15.28	0.84	71.46	80.25	105.58	7.70	16.57	2.08	2.51
	蔬菜	16.33	0.54	75.90	39.25	99.29	9.50	16.22	2.08	2.10
	园地	16.09	0.65	76.47	45.47	97.33	9.42	16.05	2.15	2.29

续表

权属名称	农田类型	有机质/(g/kg)	全氮/(g/kg)	碱解氮/(mg/kg)	有效磷/(mg/kg)	速效钾/(mg/kg)	有效铁/(mg/kg)	有效锰/(mg/kg)	有效铜/(mg/kg)	有效锌/(mg/kg)
小黑垡	粮田	12.07	0.76	66.80	36.33	127.30	15.82	16.07	2.38	1.40
	蔬菜	13.75	0.84	70.73	36.88	148.41	16.41	16.38	2.48	1.53
	园地	14.36	0.87	71.09	24.51	125.12	16.72	16.53	2.64	1.80
永合庄	粮田	11.57	0.87	82.56	21.08	116.01	8.11	11.02	2.52	2.01
	蔬菜	11.27	0.83	86.14	22.09	117.57	8.11	11.47	2.48	2.21
	园地	11.78	0.88	83.11	23.94	110.10	8.18	10.87	2.58	2.13
再城营	粮田	13.48	0.86	85.65	52.29	101.43	7.82	10.26	1.47	1.07
	蔬菜	11.98	0.73	70.84	36.91	91.97	7.85	10.56	1.48	0.99
	园地	12.92	0.82	79.20	49.94	98.09	7.98	10.69	1.48	1.07
赵县营	粮田	11.87	0.91	83.53	36.96	163.16	9.14	11.75	2.46	2.66
	蔬菜	10.98	0.80	79.31	32.34	151.70	10.12	12.69	2.53	2.87
	园地	11.66	0.85	81.78	36.47	179.53	10.07	12.60	2.48	2.65
郑二营	粮田	15.91	0.96	80.46	30.65	108.00	9.59	13.36	3.02	5.25
	蔬菜	14.32	0.88	77.61	37.97	91.32	9.77	13.60	2.99	4.97
	园地	14.80	0.98	82.60	48.32	94.62	9.62	13.86	2.88	4.63
周营	粮田	10.91	0.80	67.88	37.79	280.24	12.38	11.89	3.28	3.16
	蔬菜	12.21	1.02	73.55	120.38	163.15	13.90	11.58	3.89	3.36
	园地	9.54	0.70	58.72	52.51	181.34	13.56	11.64	3.71	3.33
朱脑村	粮田	18.31	1.33	110.88	131.96	107.11	21.90	17.26	3.45	3.18
	蔬菜	17.10	1.27	106.27	102.96	105.78	24.14	17.50	3.43	2.94
	园地	14.66	1.11	93.89	82.47	104.03	20.96	16.59	3.35	2.94
朱庄	粮田	11.34	0.90	77.58	43.91	112.15	7.87	12.73	2.19	1.09
	蔬菜	11.15	0.89	75.53	21.49	115.02	8.39	12.79	2.08	1.31
	园地	11.42	0.95	77.57	25.60	123.45	8.23	12.13	2.09	1.09
长子营镇平均值		12.99	0.84	77.46	48.82	121.85	10.94	13.67	2.82	2.97